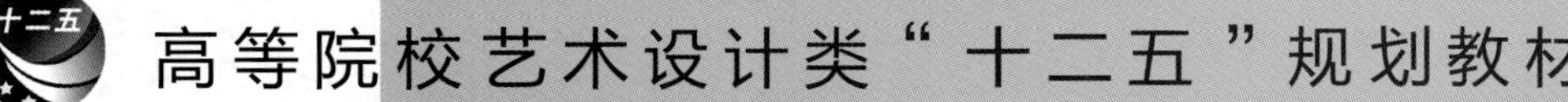

高等院校艺术设计类“十二五”规划教材

总主编　刘维亚　马新宇　周　勇　罗　兵

网页创意设计

主编　钟垂贵

WEBPAGE CREATIVE DESIGN

中国海洋大学出版社
·青岛·

图书在版编目（CIP）数据

网页创意设计 / 钟垂贵主编. — 青岛：中国海洋大学出版社，2014.12

ISBN 978-7-5670-0808-3

Ⅰ. ①网… Ⅱ. ①钟… Ⅲ. ①网页制作工具 Ⅳ. ①TP393.092

中国版本图书馆 CIP 数据核字(2014)第 305032 号

出版发行 中国海洋大学出版社
社 址 青岛市香港东路 23 号 邮政编码 266071
出 版 人 杨立敏
网 址 http://www.ouc-press.com
电子信箱 tushubianjibu@126.com
订购电话 021-51085016
责任编辑 王积庆 电 话 0532—85902349
印 制 上海图宇印刷有限公司
版 次 2015 年 1 月第 1 版
印 次 2015 年 1 月第 1 次印刷
成品尺寸 210 mm×270 mm
印 张 6.5
字 数 171千
定 价 45.00 元

总序 PROLOG

现代设计以科学、技术、文化、艺术、市场诸元素构建了独有的特质。它被科学催生、发展、升级、丰富。人们用技术使设计物化、精致并具备功能；以文化使设计具有灵魂、品质与趣味；将艺术赋予设计容貌、精神和情绪；借市场为设计提供着陆的终端及价值。

现代设计对个性化无止境的追求及探索，也启迪了科学发现的路径，加快了技术升级的频率。特别是对品位与形式创新的执著追求，使时尚文化艺术风生潮起、澎湃不息。现代设计在顺应市场需求、迎合受众群体的品牌推广过程中，也在推销设计者的创意作品及理念，从而形成市场的营销理念，引领消费。

现代设计是借助科学技术手段，向服务对象推销创意规划设计的系统行为。要使创意设计形成产业化，就需要一批素质优秀的创意团队。根据目前产业发展对这方面高规格综合能力的人才需求，对高校教育对应专业的教学模式、教学内容、教学方法提出了新的挑战。为此依据教育部艺术设计专业相关课改精神，组织相关的教育学者及行业专家编写艺术设计教材系列丛书，为更好地培养现代设计创意人才提供必要的条件。

此套教材强调理论与实践相结合、教育与产业相结合、教法与经典案例剖析相结合。采用启发式的教学模式，使初学者了解并掌握设计创意全过程中的关键要素，也对专业设计人员具有一定的启迪作用。学习者通过了解艺术设计相关课程的概念、历史、发展脉络、构成要素、创意策略、表现手法、专业特点、设计流程、创意呈现效果，并借鉴典型案例的创作经验，反复地尝试体验，逐渐形成自己具有个性化的设计。设计的实现需要新材料、新技术、新工艺、新设备等去完成，这样就要求学习者在反复实践中了解材料功能及选择、制作工艺设定、图形及型体制作规范、设计流程品质体系等，获得成品最终效果。由此可见，重视实践环节教学是艺术设计专业高等教育培养高技能人才的关键。

本套教育部重点专业建设项目配套系列教材，注重艺术设计专业教育规律，展现与产业结合培养应用型人才的理念，突出知识体系中理论与技能紧密融合的特色，形成创意思维可教、原创设计可行的路径。其中部分教材，框架搭建合理，内容选择富有时代感，知识介绍清晰，案例分析到位，文图配合相互增色，实践环节设计富有创意，在同类教材中独具特色。

期待本套教材在艺术设计领域应用型人才培养过程中发挥出独特的作用。

刘维亚　马新宇
2014年3月

前言

PREFACE

网页创意设计是现代设计艺术中具有广泛性和前沿性的数字媒体艺术设计形式之一，它伴随媒体技术与媒体艺术的发展而发展。国内外的高等院校都将网页创意设计（网页艺术设计）定为数字媒体艺术设计相关专业的必修课程，其教学目的是学习网页艺术设计的思维方法和基本技巧，熟悉网页艺术设计流程、全面掌握网页艺术创意的基本技能，提高学生的媒体艺术设计技能的应用能力、拓宽数字媒体艺术创作知识面、提高数字媒体作品解读能力和建立审美素养。

本教材在编写中，以培养技能型、知识型、发展型的综合性人才的基本理念为宗旨，从适应高等院校学习的角度出发，阐述基本的理论知识，介绍网页设计的基本概念，通过课程的实训作业，完成网页设计能力的锻炼，强调网页创意设计的应用。

在编写的内容和形式方面，教材以媒体技术与网页创意实践为前提，注重知识性、实践性，通过大量的图片案例展示，从网页创意设计的界面规划与布局艺术、基础理论及应用技术、设计构成元素到各种不同类型网站设计案例分析，全面介绍网页创意设计的基础知识和基本技能，使学生在有效的课时内学习和掌握网页创意设计的理论与技能。

网页创意设计作为一门年轻的媒体艺术设计课程，市场上关于该课程的教材，从技术层面讲述的居多，真正讲授网页创意设计的很少。有鉴于此，编者从网页的设计思维方式入手，通过对基本概念、表现技法等内容的系统整理，呈现网页艺术设计中创造性思维的关键点，以及如何依靠创意思维的方法与手段进行网页的创意设计等。数字媒体技术日新月异，网页创意也随之不断前进，我们还需要不断完善与丰富，不断实践与探索。特别是在教师与学生互动性教学实践中，更需要不断地发现问题和解决问题，以充实教材与课程的知识含量。

本教材编写过程中，在网页创意案例、网页艺术的前沿技术等方面得到了李向华的大力帮助，廖燕平协助进行了细致的文稿整理，在此一并表示感谢。

由于编者水平有限，书中难免有不足之处，恳请广大读者和专家同仁批评指正！

编者

2014年10月

教学导引

一、教材适用范围

网页创意设计是数字媒体艺术设计相关专业重要的专业设计课程之一，以网页设计规范、行业标准为依据，培养学生网页艺术设计的基本概念和思维方法，掌握网页创意设计的基本技能。从艺术和技术结合的新视角来讲解现代网页艺术设计的技术原理和艺术效果制作，努力在艺术鉴赏、审美意趣上提高学生的创意制作水平，激发学生的主动性和创造性。本教材适用于高等院校数字媒体艺术设计专业师生，可作为相关课程的教学参考用书，也可作为社会相关设计师培训的针对性教材。

二、教材学习目标

1. 了解网页艺术设计的基本概念。
2. 了解数字媒体艺术设计的发展概况、工作流程。
3. 掌握网页创意设计制作的思维方法。
4. 掌握各类网站的艺术特点和设计的基本技巧。
5. 掌握网站艺术表现的设计方法和创意标准

三、教材过程参考

1. 概念讲述。
2. 创意设计方法剖析。
3. 案例分析。
4. 作业循序渐进。
5. 进程汇报与点评。
6. 作业完成与反馈。

四、教材建议实施方法

1. 课堂演示。
2. 网络调研。
3. 案例讲解。
4. 设计完稿实训。
5. 作业评判。

建议课时　　总课时：64课时

章　节	内　容	课　时
第一章	网页创意设计概述	4
第二章	网页创意设计的界面规划与布局	4
第三章	网页创意设计的基础理论及应用技术	16
第四章	网页交互形式与主要交互元素设计	8
第五章	不同类型的网页创意设计	18
第六章	网页创意设计实践案例	12
第七章	常用网页界面设计资料	2

目录

CONTENTS

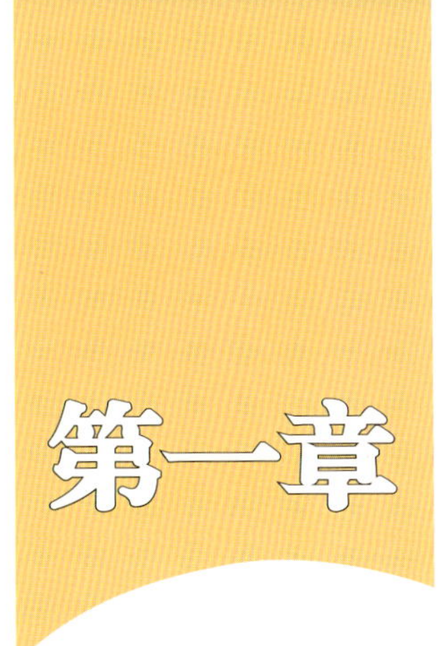

第一章 网页创意设计概述

网页创意设计是网页设计者以所处时代所能获取的技术和艺术经验为基础，根据设计目的和要求自觉地对网页的构成元素进行艺术规划的创造性思维活动。

1.1 网页设计的基本知识与概念

网页具有很强的视觉性、互动性、互操作性以及受众面广等特点。网页既有传统媒体的优点，又能使传播变得更为直接、便捷和有效。网页出现的初期阶段，是以功能性为第一位的指导原则，以技术因素为主要考虑对象，以完成或实现必要的功能为目标。以字符组成的界面可以起到基本的信息传达作用，同时技术要求也相对较低，易于实现，并且有较好的稳定性，这种形式的界面在很长一段时间内是人机交流的主要形式（图1–1–1）。

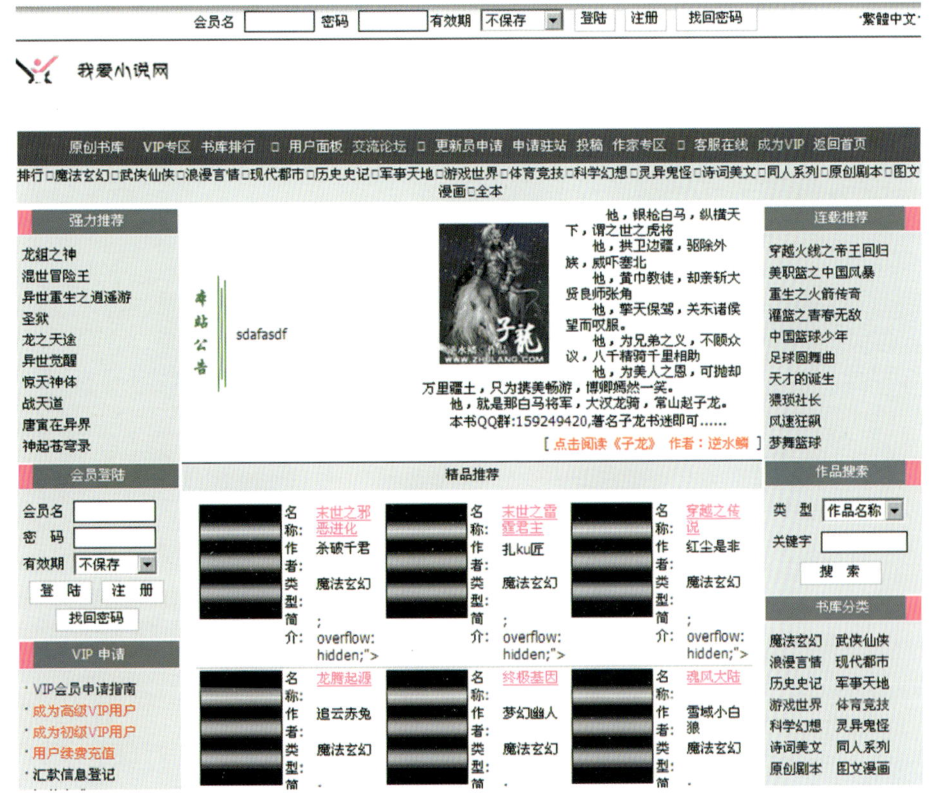

图1–1–1　传统型网站

网页设计不是简单地把各种内容放在一起，要根据网页的目的来进行策划与设计。一个成功的网页设计，首先要考虑如何使受众能够有效地接受网页上的信息，并给受众留下印象。因此，我们要有效地将图片、文字、色彩、三维或四维动态引入网页设计之中，增加人们浏览网页的兴趣，以此来吸引更多的受众。在崇尚鲜明个性风格的今天，网页设计应根据行业及受众对象的差异，合理增加个性化因素（图1-1-2）。这就要求网页设计者在进行网页设计时，结合自身的艺术修养、审美价值以及对时尚潮流的把握，通过网页界面创意设计来传达其对社会、行业、受众的理性理解。

1.1.1 网页媒体的发展历程

自1972年第一届国际计算机通信会议上通过了由美国人温顿·瑟夫（Vinton Cerf）和罗伯特·卡汉（Robert Kahn）开发的传输控制协议和网际协议（TCP/IP），Internet发展到今天，已覆盖七大洲，联通世界几乎所有国家。网络和数字技术的发展给社会、教育、生活等诸多方面带来了巨大冲击，直接导致许多新的应用领域出现。在艺术方面，网络艺术异军突起，网络文学、网络音乐、网络视觉艺术等发展迅速。其中，网页创意设计由于网络应用的几何级数的发展，已成为一个相对成熟的艺术门类。

（1）第一个网页

1991 年 8 月，Tim Berners-Lee 发布了第一个基于文本处理的简单包含几个链接的网站。原始网页的副本现在仍然在线，它有十多个链接，试图告诉人们什么是万维网（图1-1-3）。

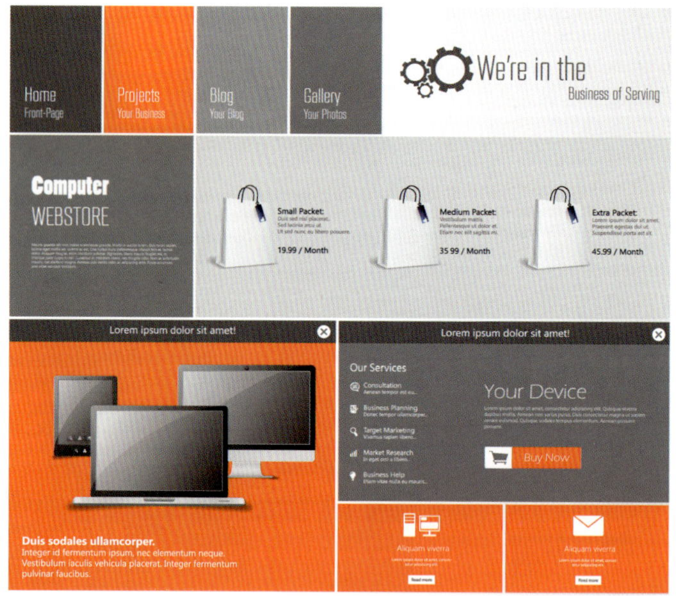

图1-1-2　创意型网站

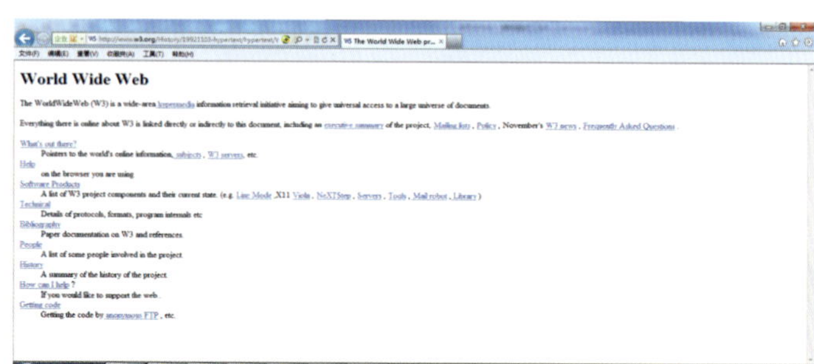
World Wide Web

The WorldWideWeb (W3) is a wide-area hypermedia information retrieval initiative aiming to give universal access to a large universe of documents.

Everything there is online about W3 is linked directly or indirectly to this document, including an executive summary of the project, Mailing lists, Policy, November's W3 news, Frequently Asked Questions.

What's out there?
Pointers to the world's online information, subjects, W3 servers, etc.
Help
on the browser you are using
Software Products
A list of W3 project components and their current state. (e.g. Line Mode ,X11 Viola, NeXTStep, Servers, Tools, Mail robot, Library)
Technical
Details of protocols, formats, program internals etc
Bibliography
Paper documentation on W3 and references.
People
A list of some people involved in the project.
History
A summary of the history of the project.
How can I help?
If you would like to support the web..
Getting code
Getting the code by anonymous FTP, etc.

图1-1-3　第一个网页

随后的网页都比较相似，完全基于文本、单栏设计、有一些链接等。最初版本的HTML只有最基本的内容结构：标题（<h1>，<h2>...），段落（<p>）和链接（<a>）。新版本的HTML开始允许在页面上添加图片（<img>），然后开始支持制作表格（<table>）。

（2）W3C的出现

1994 年，万维网联盟（W3C）成立，他们将 HTML（Hypertext Markup Language，超文本标记语言） 确立为网页的标准标记语言。W3C 一直致力于确立与维护网页编程语言的标准（如 JavaScript）（图1–1–4）。

（3）基于表格的设计

表格布局使网页设计师有了更多选择。在 HTML 中，表格标签的本意是为了显示表格化的数据，但是设计师们很快意识到可以利用表格来构造设计的网页，这样就可以制作出较以往作品更加复杂的、多栏目的网页。表格布局融合了背景图片切片技术，布局结构简洁。

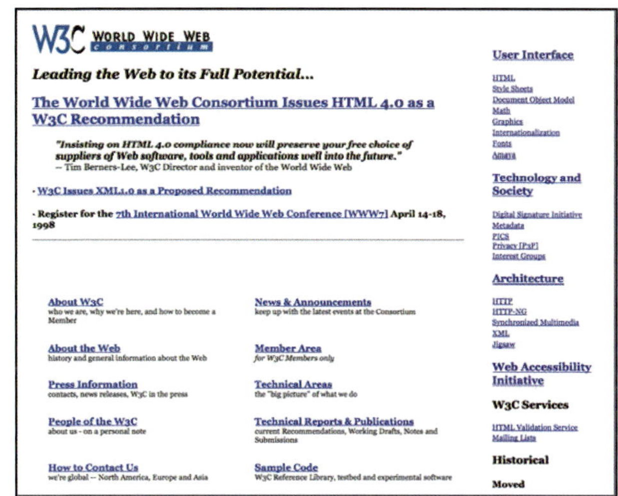

图1–1–4　W3C的网页

第一批主要应用表格布局的“所见即所得”的网页设计软件的发展使表格的应用更加广泛。另外，某些软件自动生成表格十分复杂以至于设计师重写手写代码（例如每行只有 1px 高却包含了几百列的表格）。因此，稍微复杂一点的网页（比如多栏目页面），设计师们一般使用表格来创建（图1–1–5）。

图1–1–5　用表格进行设计的网页

（4）基于Flash的网页设计

Flash开发于 1996 年，起初只有非常基本的工具与时间线，后来逐渐发展成能够开发整套网站的强大工具。Flash 提供了大量的远远超过 HTML 所能够实现的视觉表现效果（图1–1–6）。

图1–1–6　Flash网站

在 Flash 之前，使用Macromedia Shockwave（之后是 Adobe Shockwave），为 CD–ROM 制作目录和多媒体内容。Shockwave 文件体积庞大，当时的网络连接以拨号上网为主，应用 Shockwave 还是不够方便。与之相比，Flash 影片体积小巧，在线应用更加便捷。

在 Flash 初涉网页设计领域的同一时期（20世纪90年代末至21世纪初），由几种网络技术（如JavaScript和一些服务器端脚本语言）组成的用于创作动画或互动页面元素的 DHTML 技术的推广，也在如火如茶地进行中。

随着 Flash 的发展和 DHTML 的普及，网页不只是能阅读静态内容，还诞生了允许用户与网页内容互动的交互页面的概念。

（5）基于CSS的设计

虽然CSS（Cascading Style Sheets，层叠样式表单）已经存在很长一段时间了，但是在当时仍然缺乏主流浏览器的支持，并且许多设计师对它很是陌生。CSS设计受到关注始于21世纪初。与表格布局和Flash网页相比，CSS有许多优势。它将网页的内容与样式相分离，这从本质上意味着视觉表现与内容结构的分离。CSS极大地减少了标签的混乱，还创造了简洁并语义化的网页布局。CSS还使得网站维护更加简便，因为网页的结构与样式是相互分离的，人们完全可以改变一个基于CSS设计的网站的视觉效果而不去改动网站的内容。

由CSS设计的网页文件体积小于基于表格布局的网页，这也意味着页面响应时间的改善。虽然首次访问一个网站下载样式比较占用带宽，但CSS会缓存在访问者的浏览器里（默认情况下），这样接下来的访问过程中，网页就都会迅速显示了（图1–1–7）。

图1–1–7　学校网站首页

网页创意设计是一个不断更新换代、推陈出新的过程，它要求设计师必须要更新知识储备，把握最新的设计趋势。

1.1.2 网页和网站

当浏览者进入某个网页，可以在浏览器中观看到文字、图片、动画、视频，并可以参与互动等，这一页页的内容，我们称为网页。网页浏览是互联网最基本的功能，网页是网络的最基本组成部分。

网站是各种各样网页的集合。网站有综合的门户类网站，如新浪、网易等，内容极为丰富，结构极其庞大；有企业类网站，内容较为简洁，往往只有几个页面组成。在这些大大小小的网站中，有一个特殊的页面，好比是一份报刊的头版，那就是网站的主页，也称为首页。某种程度上，首页也具有目录的性质。

不论网页有多么复杂，风格、形式有多么不同，但基本上都是由HTML所组成。

网页有网址（URL），可用于识别和存取。我们只需在地址栏内输入网址，经过程序处理，通过网络的传输，由浏览器把这些HTML代码进行“翻译”后，我们就可以看到所需要的网页（图1–1–8）。

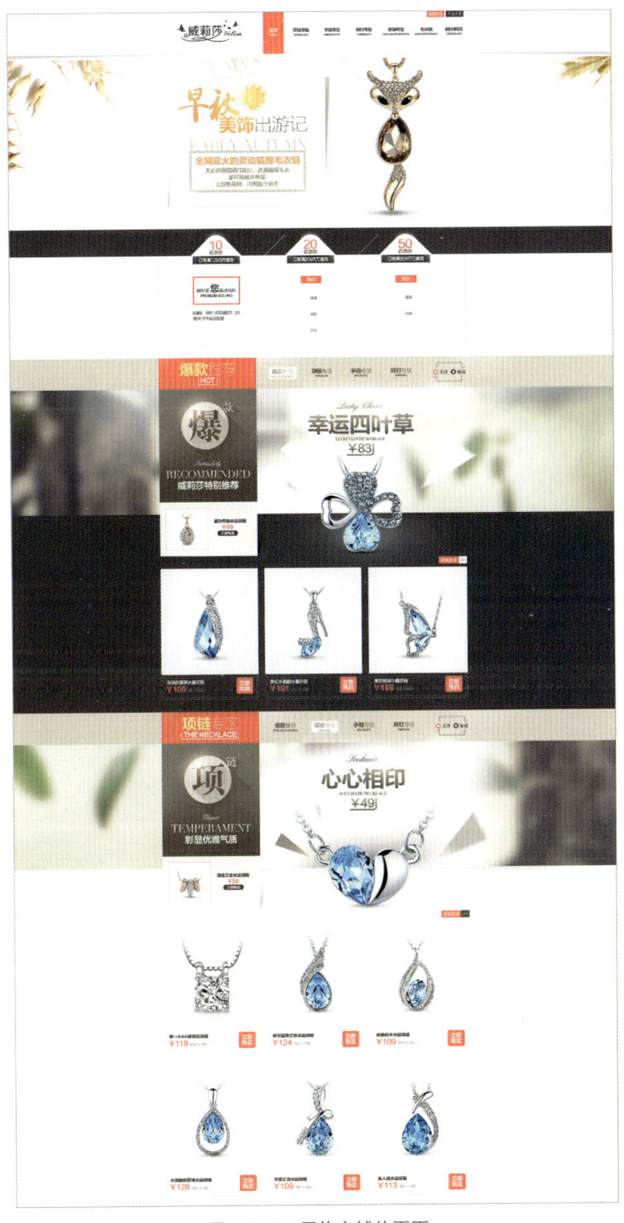

图1–1–8　网络店铺的页面

1.1.3 网页的基本构成元素

（1）文本

文本是网页中的基本元素，信息的传达主要是以文字为主。网页设计时，可以通过字体、字号、行距、颜色、底纹、边框等来设置文本的属性。我们这里指的文字是文本文字，并非是图片中的文字（图1–1–9）。

（2）图片

图片使网页丰富多彩，在网页设计中具有重要作用。用于网页中的图片一般有PNG、JPG、GIF格式，后面章节我们将详细叙述。虽然现今为“读图时代”，图片在网页中不可缺少，但也不能过多使用，否则网页内容显得空洞，也影响下载、屏幕显示的速度，影响浏览者的阅读耐心。如图1–1–10所示，为图片在网页中的运用。

（3）超级链接

超级链接在本质上属于一个网页的一部分，是一种允许同其他网页或站点之间进行连接的元素。各个网页链接在一起后，才能真正构成一个网站。所谓的超链接是指从一个网页指向一个目标的连接关系，这个目标可以是另一个网页，也可以是相同网页上的不同位置等。当浏览者单击已经链接的文字或图片后，链接目标将显示在浏览器上，并且根据目标的类型来打开或运行（图1–1–11）。

图1-1-9　网页文本文字

图1-1-10　图片在网页的运用

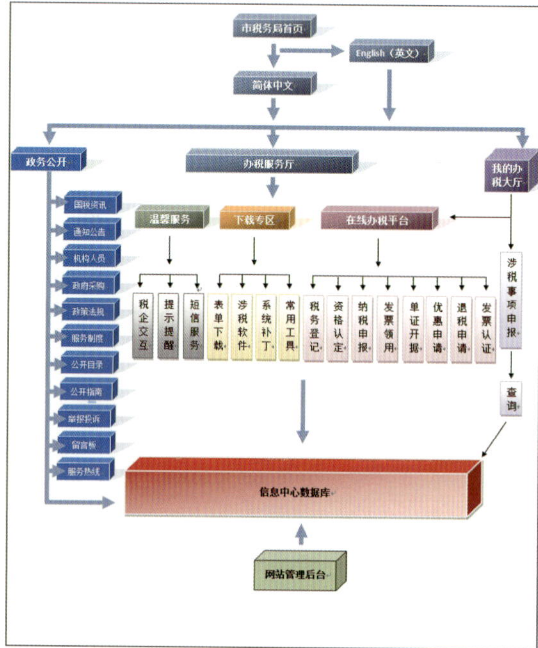

图1-1-11　某税务局超链接结构

（4）表格

表格是网页的重要构成形式，通过表格可以精确地控制各网页元素在网页中的位置。这里的表格并非指直观意义的表格，其范围要更宽更广一些，是HTML语言中的一种元素，主要用于网页内容的排列，组织整个网页的外观，通过在表格中放置相应的图片或其他内容，即可有效地组合成符合设计效果的页面。有了表格的存在，网页中的各种元素便可方便地固定在设计的位置上。一般表格的边线不会在网页中显示（图1–1–12）。

（5）表单

表单在网页中主要负责数据采集功能。一个表单一般有表单标签、表单域、表单按钮三个基本组成，表单标签包含处理表单数据所用CGI程序的URL以及数据提交到服务器的方法，表单域包含文本框、密码框、隐藏域、多行文本框、复选框、单选框、下拉选择框和文件上传框等，表单按钮包括提交按钮、复位按钮和一般按钮，用于将数据传送到服务器上的CGI脚本或者取消输入，还可以用表单按钮来控制其他定义了处理脚本的工作（图1–1–13）。

图1–1–12　网页中的表格

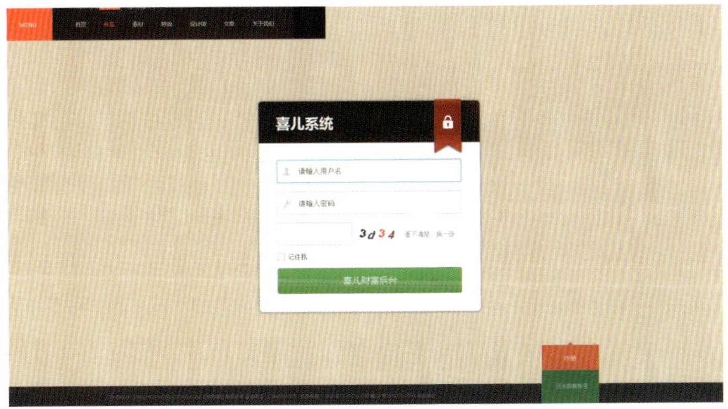

图1–1–13　登录界面表单

（6）动画

动画可分为GIF格式动画和Flash格式动画，这是网页上最活跃的元素。制作优秀、创意出众的动画通常是吸引浏览者最有效的方法。动画制作的手段有很多，技术发展也很快。

GIF动画的标准简单，在各种类、各版本的浏览器中都能播放。

网页动画（Flash）是一种交互式矢量多媒体技术，是目前网上最流行的动画格式。Flash基于矢量的图形系统，只要用少量的矢量数据就可以描述一个复杂的对象，占用的存储空间很小，非常适合于Internet上的使用。Flash还提供了一些增强功能，以支持位图、声音、渐变等（图1-1-14）。

（7）音频、视频

网络音频和视频是指网络中应用的各种声音和影片形式。随着技术和人们的视听觉需求的发展，网站上已不再是单调的MIDI背景音乐，网络音频和视频可应用于网络多媒体演示、网络动画、网络广告、互动点播、远程交流、电子商务等多种领域。网页中恰当运用音视频，能大大提高浏览的吸引力（图1-1-15）。

图1-1-14　动画类页面

图1-1-15　网页上的音频、视频界面

1.2 网页创意设计原则

网页作为传播信息的一种载体，同其他出版物如报纸、杂志等在设计上有许多共同之处，也要遵循一些设计的基本原则。但是，由于表现形式、运行方式和社会功能的不同，网页设计又有其自身的特殊规律。网页的创意设计，是技术与艺术的结合，内容与形式的统一。它要求设计者必须掌握以下几个主要原则。

1.2.1 主题鲜明

视觉设计表达的是一定的意图和要求，有明确的主题，并按照视觉心理规律和形式将主题主动地传达给观赏者。诉求的目的是使主题在适当的环境里被人们即时地理解和接受，以满足人们的实用和需求。

作为视觉设计范畴一种的网页创意设计，其最终目的是达到最佳的主题诉求效果。这种效果的取得，一方面通过对网页主题思想运用逻辑规律进行条理性处理，使之符合浏览者获取信息的心理需求和逻辑方式，让浏览者快速地理解和吸收；另一方面通过对网页构成元素运用艺术的形式美法则进行条理性处理，更好地营造符合设计目的的视觉环境，突出主题，增强浏览者对网页的注意力，增进对网页内容的理解。只有两个方面有机地统一，才能实现最佳的主题诉求效果。

（1）服务于网站的主题

优秀的网页设计必然服务于网站的主题，什么样的网站就应该有什么样的设计。如设计类的个人站点与商业站点性质不同、目的不同，其制作标准也不同。要把握好网页创意设计与网站主题的关系。首先，设计是为主题服务的；其次，设计是艺术和技术结合的产物，既要美观，又要实现功能；最后，美观和功能都是为了更好地表达主题。例如，雅虎作为一个搜索引擎，首先要实现搜索的功能，它的主题即是其功能，而个人网站则可以只体现作者的设计思想，或仅仅以设计出美观的网页为目的，它的主题就是美观。

只注重主题思想的条理性而忽视网页构成元素空间关系的形式美组合，或者只重视网页形式上的条理而淡化主题思想的逻辑，都将削弱网页主题的最佳诉求效果，难以吸引浏览者的注意力，达不到网页设计的目的。

要使网页从形式上获得良好的诱导力，鲜明地突出诉求主题，具体可以通过对网页的空间层次、主从关系、视觉秩序及彼此间的逻辑性的把握运用来达到（图1–2–1）。

（2）强化主题信息

大多数人在短暂记忆中只能同时把握4至7个独立信息，过多的信息容易产生记忆上的模糊或淡忘。视觉表现要强化主题，吸引浏览者的注意力，切忌内容过于杂乱，追求美的效果的同时，更要实现网站的功能，为主题服务。因此网页设计时，要充分运用排版样式、图像、文字的造型以及配色类型等元素来准确传递信息，确保访问者一眼就能明了表达的内容（图1–2–2）。

图1–2–1　可口可乐的网页页面

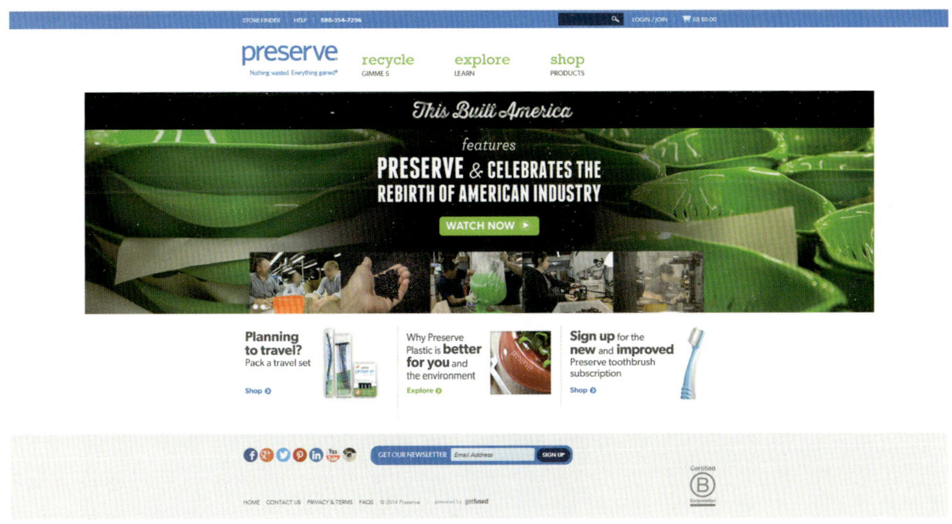

图1–2–2　页面的主题信息明显

（3）艺术个性突出主题

视觉设计在做到简练、精确的同时，还要强调艺术性，并且突出设计的主题。这需要有独特的风格和强烈的视觉冲击力，使主题在适当的环境里被人们即时地理解和接受，以满足人们的实用和需求（图1–2–3）。

1.2.2 网页信息明晰

（1）信息目录清晰

对于网页来说，最重要的就是信息内容。信息的品质与数量决定了人们对这个网页的评价。网页设计时，首先要做的是将浏览者顺利地引向信息内容，明确划分信息群，使其能迅速找到所需要的信息，这也是目录设计最重要的任务。目录的整理决定了网页的可读性（图1–2–4）。

图1–2–3 艺术创意型网页

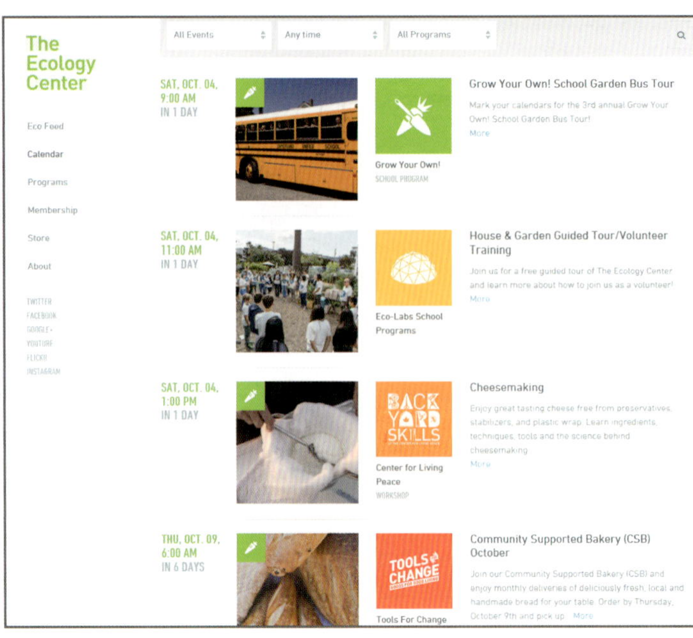

图1–2–4 明晰的目录

（2）网站导航清晰

导航栏能让浏览者在浏览时便捷地到达不同的页面，是网页元素非常重要的部分，因此导航栏一定要清晰、醒目。一般来说，导航栏要在第一屏就显示出来，横向放置的导航栏要优于纵向的导航栏，因为浏览者的第一屏如果较矮，横向的仍能全部看到，而纵向则不确定，并且窗口宽度一般不会受浏览器设置影响，而纵向的不确定性则要大得多。所有导航性质的设置，如图片按钮等都要有清晰的标识，让人看得明白。链接文本的颜色最好用约定俗成的，如未访问的用蓝色，点击过的用紫色或栗色。总之，文本链接一定要和页面的其他文字有所区分，给读者清楚的导向（图1-2-5）。

图1-2-5 网页导航

1.2.3 形式与内容统一

内容是构成设计的一切内在要素的总和，是设计存在的基础，形式是构成内容诸要素的内部结构或内容的外部表现方式。网页设计的内容是主题、形象、题材等要素的总和，形式是结构、风格或设计语言等的表现方式。内容是形式的灵魂并决定形式，形式反作用于内容。一个优秀的设计必定是形式对内容的完美表现，只有在内容上面下足了功夫，再依据内容来设计网页，才能达到形式与内容的和谐统一。

（1）适合主题需要的形式美

网页设计所追求的形式美必须适合主题的需要，这是网页设计的前提。只讲花哨的表现形式以及过于强调“独特的设计风格”而脱离内容，或者只求内容而缺乏艺术的表现，网页设计都会显得空洞无力。只有将二者有机地统一起来，深入领会主题的精髓，再融合自己的思想感情，找到一个完美的表现形式，才能体现出网页设计独具的分量和特有的价值。另外，要确保网页上每一个元素都有存在的必要性，多余的设计元素往往适得其反。只有通过认真设计和充分的考虑来实现全面的功能并体现美感，才能实现形式与内容的统一（图1-2-6）。

网页具有多屏、分页、嵌套等特性，设计者可以对其进行形式上的适当变化以达到多变性处理效果，丰富整个网页的形式美。这就要求设计者在注意单个页面形式与内容统一的同时，更不能忽视同一主题下多个分页面组成的整体网页的形式与整体内容的统一。

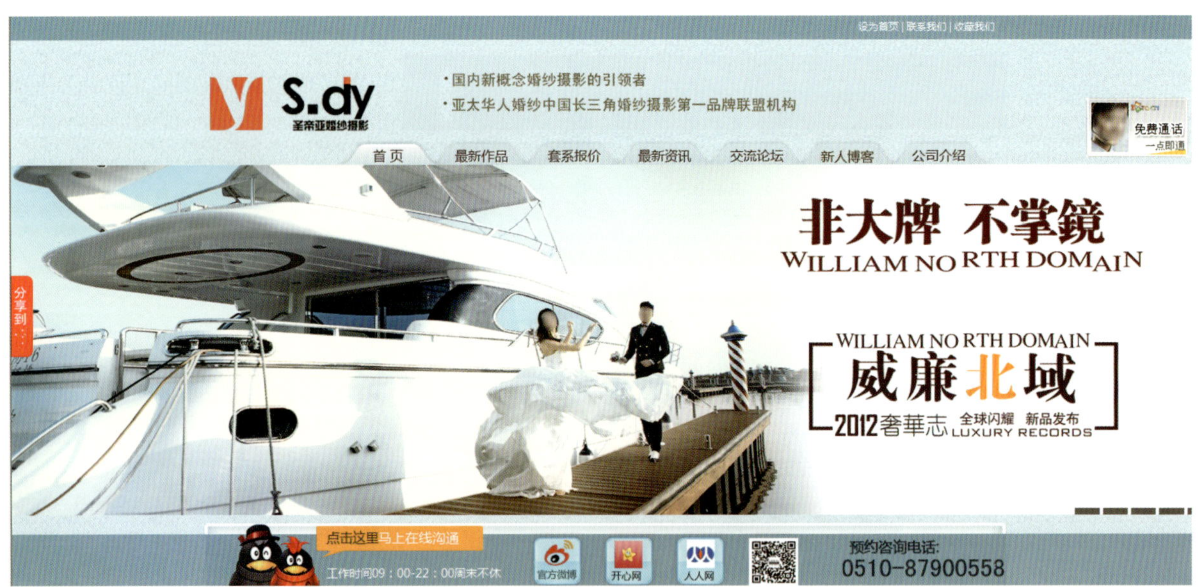

图1-2-6 形式与内容的统一

（2）注意视觉效果

首先要看整个页面的颜色搭配是否协调，注意颜色的搭配也要结合网页的主题、风格等，做到恰如其分。其次要看网页上的文字是否易于阅读，文字太细、颜色太浅都是有违网页设计的原则。再次要看图片使用是否合理，图片太大、太多、质量差都会影响网页呈现出来的效果，不可大意。最后要看“动”与“静”是否配合得当，无节制地使用Flash、动态图、滚动字幕等效果容易使人眼花缭乱，反而难以抓住重点（图1-2-7）。

图1-2-7　视觉效果较好的网页设计

（3）强调整体性

网页的整体性包括内容和形式上的整体性，这里主要讨论设计形式上的整体性。

网页是传播信息的载体，它要表达的是一定的内容、主题和意念，在适当的时间和空间环境里为人们所理解和接受，它以满足人们的实用和需求为目标。设计时强调其整体性，可以使浏览者更快捷、更准确、更全面地认识它、掌握它，并给人一种内部有机联系、外部和谐完整的美感。整体性也是体现一个站点独特风格的重要手段之一。

网页的结构形式是由各种视听要素组成的。在设计网页时，强调页面各组成部分的共性因素或者使各部分共同含有某种形式特征，这是强调整体性的常用方法。但无论使用何种手法对画面中的元素进行组合，都一定要遵循统一、连贯、分割、对比与和谐的设计原则。这主要从版式、色彩、风格等方面入手，例如版式上，将页面中各视觉要素作通盘考虑，以周密的组织和精确的定位来获得页面的秩序感，即使运用“散”的结构，也是经过深思熟虑之后的决定。要注意页面的相互关系，利用各组成部分在内容上的内在联系和表现形式上的相互呼应，并保持整个页面设计风格的一致性，实现视觉上和心理上的连贯，使整个页面设计的各个部分融洽。一个站点通常使用两到三种标准色，并注意色彩搭配的和谐。颜色的使用并无一定的法则，设计时可先确定一种能表现主题的主体色，然后根据具体的需要应用颜色的近似和对比来完成整个页面的配色方案，以使网页的页面具有和谐、悦目的视觉效果。对于分屏的长页面，不可设计完第一屏再考虑下一屏。整个网页内部的页面，都应统一规划，统一风格，让浏览者体会到设计者完整的设计思想（图1-2-8）。

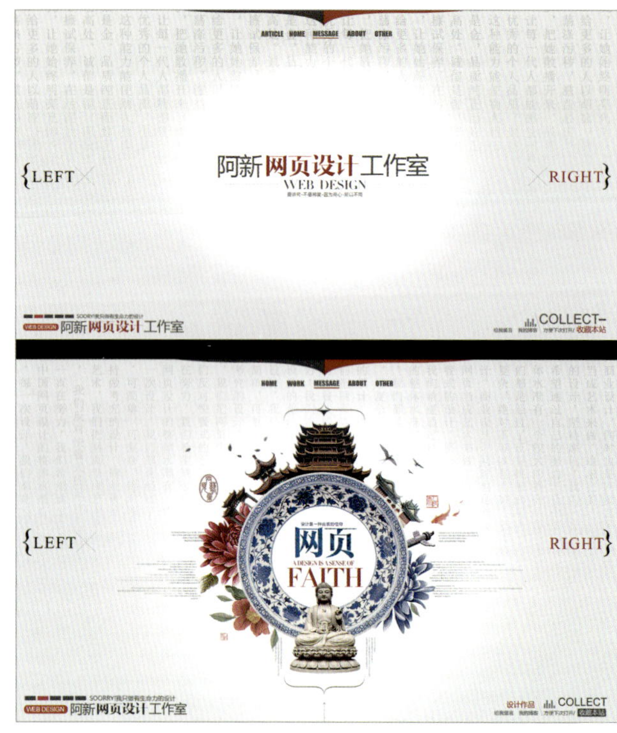

图1-2-8　版式风格统一

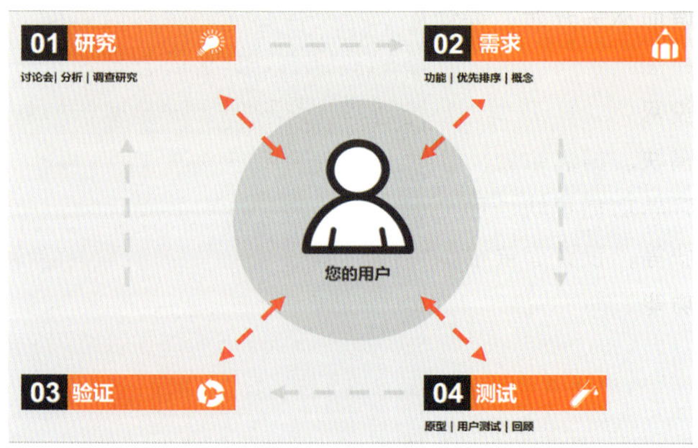

图1-3-1　调研阶段

1.3 网页创意设计的基本程序与方法

1.3.1 网页界面的设计制作流程

网页设计从整体筹划、前期市场分析定位、设计定位、素材收集整理、设计方案到后期的调试、发布、运行，构成了一个较为庞大的系统工程。

（1）前期调研阶段

进行充分调研工作，指导整个决策设计方案定位，与其他设计准备工作一样，设计师要从主、客观角度入手，包括市场角度、消费者角度、地域角度、竞争对手角度和资金投入角度等进行准备和谋划（图1-3-1）。

（2）制定策划方案

在掌握客户的需求后，网站设计人员应根据实际情况制订一个网站的策划方案，许多客户也会要求提供该方案。网站的策划方案主要解决“做什么”的问题，即完成对网站的主题、风格和内容的定位，并对下一阶段具体工作的分工和进度进行规划，以便有目的、有计划、可监控地实现网站建设目标。

网站策划方案的制订，要体现出网站建设的特色和重点，其内容、格式不应千篇一律。撰写时要详细说明网站的定位、完整的网站建设计划和合理的建设步骤，具体来说应包括以下几个部分。

① 前言。说明网站策划方案的目标与任务。

② 背景分析。包括客户现状分析、同类网站分析、目标对象分析等。

③ 目标分析与网站定位。对网站设计的最终目标进行分析和确定，并据此进行网站主题、风格和内容的定位。

④ 网站建设内容与结构。包括网站栏目与版块的分布、网站的功能、网站的数据库、网站页面链接结构、网站的用户友好界面等。

⑤ 技术说明。对网站的开发平台、运行平台和相关技术进行分析说明。

⑥ 建设进度表。合理分工，确定可监控的网站开发进度。

⑦ 后期支持。包括网站的后期技术支持与维护、效果评估以及网站建成后的宣传推广。

⑧ 费用明细表。详细列出各项事宜所需要费用的清单，预算出网站建设的总投资额度。

（3）功能定位与模块划分

网站是由许多不同功能的模块相互联系而成。因此，在建设一个网站的时候，需要根据网站的流程图划分出不同功能的模块，分析需求以最终实现建设网站的目的。

在制作网页之前，首先应该进行构思，最好将初步的设想画在纸上，以免因制作过程中发现页面不和谐而从头开始。要做一个网页，要先明确页面主题，并想好网页的标题，明确页面上要链接的目录等。一般网站功能模块如新闻系统功能模块、产品展示功能模块、招聘系统功能模块、会员系统功能模块、网上订单功能模块、网上调查功能模块、资源管理功能模块等，设计者要根据要设计制作的网站主题、内容和功能等做好相应模块划分（图1–3–2）。

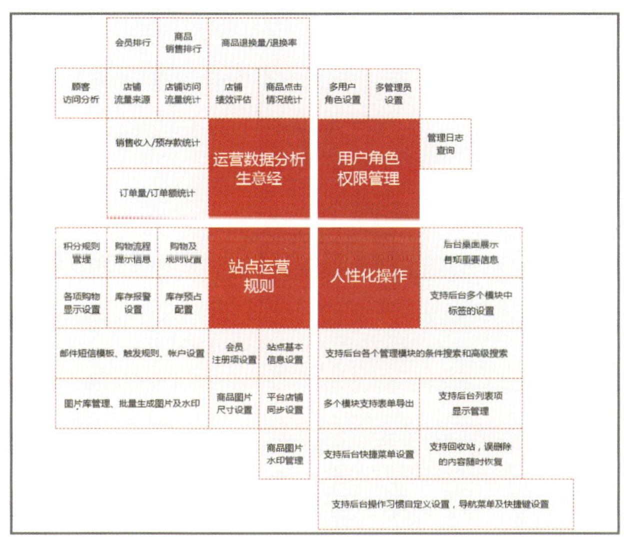

图1–3–2　网站模块策划图

（4）界面创意风格定位

在这样一个内容丰富、信息繁杂的巨大网络世界里，网页界面设计必须要有独特的视觉传达系统来吸引浏览者的注意，从而使特定的信息得以准确迅速地传播（图1–3–3）。在完成调研分析之后，我们应该对网页界面的风格和表现形态进行定位，应简约还是古朴、应时尚还是端庄、应典雅还是个性等；色调是纯色调还是灰色调、是明调还是暗调，是运用对比色系还是同色系等；在表现形态上是采用构思巧妙的静态界面、变幻莫测的三维效果，还是互动性较强的交互式动态网页等（图1–3–4）。

（5）设计制作阶段

这个阶段是最实际的操作阶段，但如果没有前面的决策，这一阶段将会变得无的放矢。在这一阶段我们要按照决策方案，在客户整体视觉传达设计风格的规范下，网页界面创意设计定位策略的引导下进行设计制作工作。设计制作应努力做到网站和客户标志

图1–3–4　定位网页风格

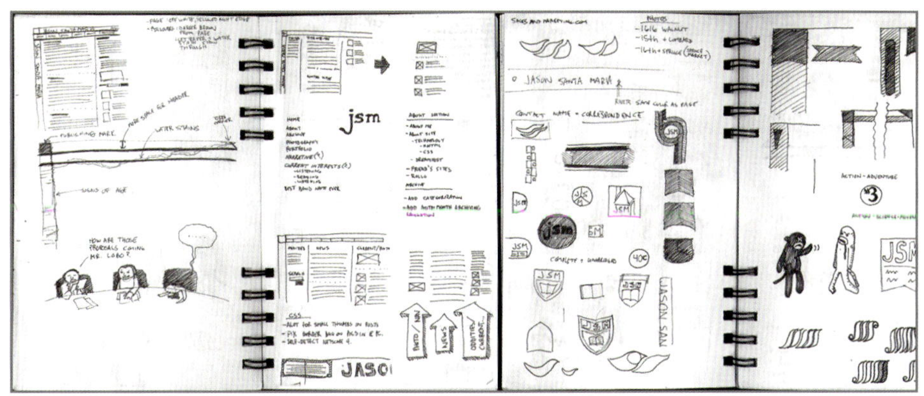
图1–3–3　构思网页风格

的统一，网页的色调与机构标准色、辅助色的和谐延续，形式与内容的整体统一；任何一个不符合整体风格的界面设计都必须删去，一切分散浏览者注意力的图形、线条、可有可无的“装饰”都应适当摒弃，使参与界面形式构成的元素与传播的内容进行有机地融合，如图1-3-5所示的百事可乐网站中国站首页。

（6）发布调试阶段

当网页设计制作完成后，就进入了网页的发布阶段。这是网页设计的最后阶段，成功与否取决于公众用户的评判，经过试运行调整后，设计制作工作就宣告完成，以后的工作就是推广、维护与更新。

（7）网站的维护、更新阶段

一个好的网站需要定期或不定期地更新内容，才能不断地吸引更多的浏览者，增加访问量。网站维护是为了让网站能够长期并稳定地运行在Internet上（图1-3-6）。

图1-3-5　百事公司网站中国站首页

图1-3-6　网站维护程序界面

1.3.2 网页创意设计的基本方法

设计风格的不断创新，设计手法的不断变化，既给设计师的创作提供了丰富的经验宝库，也容易使初次涉足这个领域的设计师茫然无措。但通过视觉传达领域中已有的经验性和规律性总结，并结合网页自身的特性，还是可以对创意方法有较为概括的认识和分析。

（1）网页创意的类型

在网页设计中，创意的中心任务是表现主题。因此，创意阶段的一切思考都要围绕着主题来进行。不同的网站具有不同的主题，即不同的“诉求重点”。主题确定之后，就要解决从哪个角度来表现主题，用什么方式来表现主题，即如何“诉求”的问题。概括起来，创意的类型有两种，一种是理性诉求的创意，另一种是情感诉求的创意。

① 理性诉求的创意。理性诉求的创意是以诉诸访问者的理智来传达网站的内容，以达到吸引访问者注意力的目的。其特点是利用可靠的论证、确切的数据、翔实的资料等展示网站的主题，以获得访问者理性上的认可（图1–3–7）。

图1–3–7　理性诉求的网页设计

② 情感诉求的创意。情感诉求的创意是通过诉诸访问者的感情来传达网站内容，以达到吸引访问者注意力的创意类型。其特点是强调和利用人的情感来影响访问者的情绪，以获得访问者对网站情感上的认同（图1–3–8）。

图1–3–8　情感诉求的网页设计

（2）网页创意设计的具体方法

在进行创意的过程中，需要设计人员新颖的思维方式。好的创意是在借鉴的基础上，利用已获取的设计形式，来丰富自己的知识、从而启发创造性的设计思维。下面介绍常用的创意手法。

① 联想。联想是艺术形式中最常用的表现手法。在审美的过程中通过丰富的联想，能突破时空的界限，扩大艺术形象的内容，加深画面的意境。在网页创意设计中，通过联想的运用，使人们在审美对象上看到自己或与自己有关的经验，从而产生共鸣，并认可网页的创意设计（图1-3-9）。

② 对比。对比是一种趋向于对立冲突的艺术美中最突出的表现手法。在网页设计形式中加入不协调的元素，把网页作品中所描绘的事物的性质和特点进行鲜明对照，通过直接对比来借彼显此，互比互衬，从对比所呈现的差别中达到集中、曲折变化的表现。通过这种手法更鲜明地强调或提示网页的特征，给浏览者以深刻的视觉感受（图1-3-10）。

图1-3-9 运用联想手法的网页创意设计

图1-3-10 色彩对比突显内容

③ 夸张。通过虚构把对象的特点和个性中美的方面进行夸大，可以引起人们丰富的想象，激发兴趣，赋予人们一种新奇与变化的心理感受。按表现特征的不同，夸张可以分为形态夸张和精神夸张两种，前者为表象性的表现夸张，后者则为含蓄性的情态夸张。通过夸张手法的运用，为网页的艺术美注入了浓郁的感情色彩，使网页的特征性鲜明、突出、动人（图1-3-11）。

图1-3-11 运用夸张手法进行设计的网页

抓住生活现象中局部性的内容，以相应的性格、外貌和诙谐举止等表现出来，通过风趣情节的巧妙安排，把某种需要肯定的事物延伸到一定程度，形成一种漫画般的趣味，创造引人发笑而又耐人寻味的幽默意境。矛盾冲突可以达到出乎意料又在情理之中的艺术效果，以别具一格的方式发挥艺术感染力的作用（图1-3-12）。

图1-3-12 个人网站的夸张手法表现

④ 比喻。比喻法是指在设计过程中选择两个各不相同，而在某些方面又有些相似性的事物，“以此物喻彼物”，比喻的事物可以与主题没有直接的关系，但某一点上与主题的某些特征有相似之处，因而可以借题发挥，进行延伸转化，获得“婉转曲达”的艺术效果。与其他方法相比，比喻比较含蓄隐伏，有时难以一目了然，但一旦领会其意，便能给人以意味无尽的感受（图1–3–13）。

图1–3–13 用比喻诠释企业文化

⑤ 巧设悬念。在表现手法上故弄玄虚、布下疑阵，造成一种猜疑和紧张的心理状态，在浏览者的心理上掀起层层波澜，驱动浏览者的好奇心，从而引起进一步探明网页题意之所在的强烈愿望，然后在网页标题或正文中把网页主题点明出来，使悬念得以解除，给人留下难忘的心理感受。悬念手法有相当高的艺术价值，它能加深矛盾冲突，吸引浏览者的兴趣和注意力，造成一种强烈的感受，产生引人入胜的艺术效果（图1–3–14）。

图1–3–14 用悬念表现的个人网站

⑥ 以小见大。以小见大中的“小”，是网页中描写的焦点和视觉中心，它既是网页创意的浓缩和升华，也是设计者匠心独具的安排，因而它不是一般意义上的“小”，而是小中寓大，以小胜大的高度提炼的产物，是简洁的刻意追求，以细节体现整体（图1–3–15）。

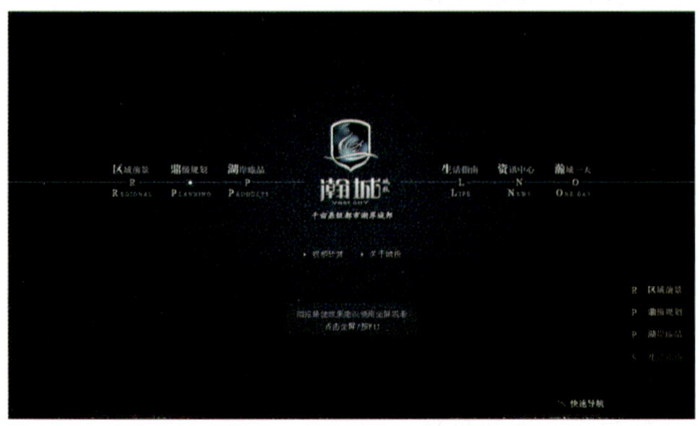

图1–3–15 房产网站首页

⑦ 综合型创意方法。综合型方法指在对网页各个构成要素进行分析的基础上加以综合，使综合后的界面整体形式表现出创新性。综合型创意方法在网页设计中被广泛应用，通过对各个元素的适宜性处理来体现出设计师的创作意图和网站建设的风格，追求和谐的美感。对于大型网站，由于所包含的信息、资源众多，所以在网页创意设计时更要对各个部分进行合理的规划（图1–3–16）。

图1–3–16 利用综合手法进行设计的网页

1.4 网页创意设计相关软件

网页设计除需要掌握网页编辑软件外，还需要利用其他软件来辅助完成网页视觉元素的制作及网站的发布、维护等工作，如图形图像软件、网页动画软件、文件传输软件和音、视频编辑软件等。对于网页创意设计者来说，更多的是要熟悉图形图像软件，掌握不同的图形图像软件在网页创意设计中的技术优势，比如Photoshop的图像处理能力非常强大，但Fireworks的Web切片等功能优于Photoshop。

1.4.1 网页编辑软件Dreamweaver

Adobe Dreamweaver，简称DW，是集网页制作和管理网站于一身的所见即所得网页编辑器，DW是第一套针对专业网页设计师特别发展的视觉化网页开发工具，利用它可以轻而易举地制作出跨越平台和浏览器限制的充满动感的网页（图1–4–1）。

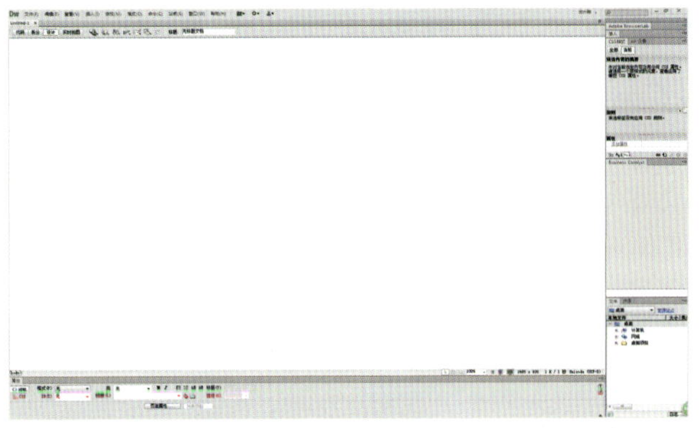

图1–4–1 Dreamweaver界面

1.4.2 图形图像软件

图形图像软件是网页创意设计者的主要武器，是创意设计的制造工具。这里我们主要介绍图形软件Adobe Illustrator、图像软件PS与FW。这几个是业界主流的图形图像处理软件，其兼容性也较好。

（1）Adobe Illustrator

Adobe Illustrator是一种应用于出版、多媒体和在线图像的工业标准矢量插画的软件，作为一款非常好的图形处理工具，广泛应用于印刷出版、海报书籍排版、专业插画、多媒体图像处理和互联网页面的制作等。新的 Performance System 具备 Mac OS 和 Windows®的本地 64 位支持，能够完成打开、保存和导出大文件以及预览复杂设计等原本无法完成的任务（图1-4-2）。

图1-4-2 Illustrator界面

（2）Adobe Photoshop

Adobe Photoshop，简称PS，主要处理由像素构成的数字图像。使用其众多的编修与绘图工具，可以有效地进行图片编辑工作，在图像、图形、文字、视频等各方面都有涉及。PS与其他软件的兼容性强，并且支持主流图像格式（图1-4-3）。

（3）Adobe Fireworks

Adobe Fireworks是Adobe推出的一款网页作图软件，软件可以加速 Web 设计与开发，是一款创建与优化 Web 图像和快速构建网站与 Web 界面原型的理想工具。Fireworks 不仅具备编辑矢量图形与位图图像的灵活性，还提供了一个预先构建资源的公用库，并可与 Adobe Photoshop、Adobe Illustrator、Adobe Dreamweaver和Adobe Flash软件省时集成。在 Fireworks 中将设计迅速转变为模型，或利用来自Illustrator、Photoshop和Flash的其他资源。然后直接置入Dreamweaver中轻松地进行开发与部署（图1-4-4）。

图1-4-3 Photoshop界面

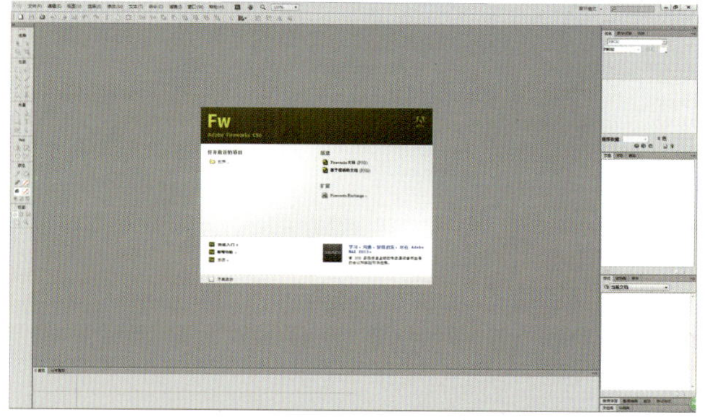

图1-4-4 Fireworks界面

1.4.3 网页动画软件

网页动画主要有Flash动画和Gif动画，Flash动画可以通过Adobe公司的Flash软件或第三方的Flash动画软件制作，Gif动画可用图形、图像软件来制作，如Photoshop，Fireworks等，也可用专门的Gif动画软件制作。

（1）Adobe Flash

Adobe Flash是一款二维动画软件，用于设计和编辑Flash文档，将音乐、声效、动画以及富有新意的界面融合在一起，制作出高质量的动画。Adobe Flash Player可以播放Flash文档（图1-4-5）。

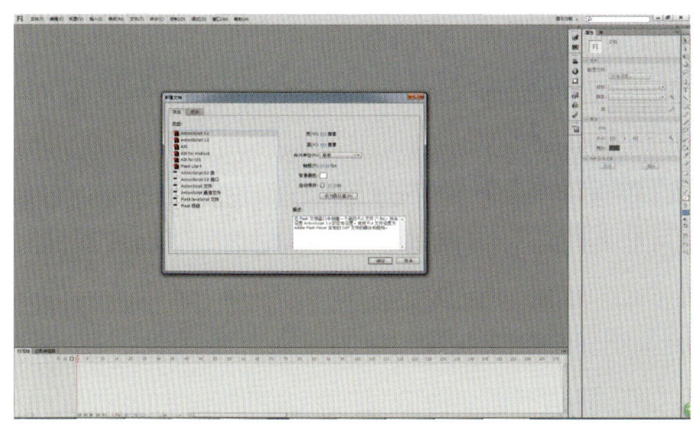

图1-4-5 Flash界面

（2）GIF Movie Gear

GIF Movie Gear 软件是一个非常好用的GIF动画制作软件，操作非常简单，可以减少动画图片文件内存。除了可将编辑好的图片文件存成动画GIF外，还可以输出成AVI或ANI动画游标的文件格式（图1-4-6）。

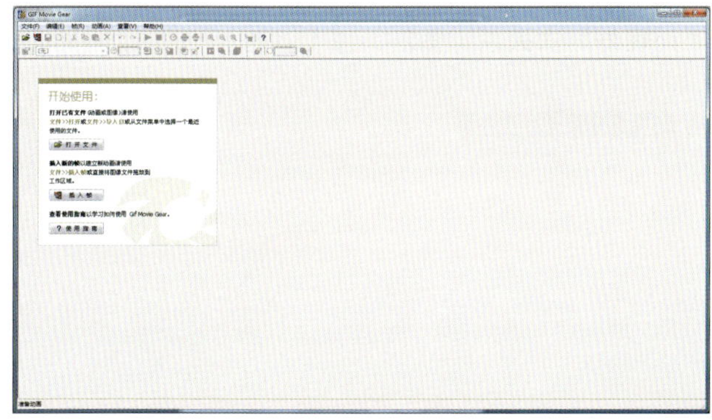

图1-4-6 GIF界面

1.4.4 文件传输软件

制作完成的网页文件，需要上传到服务器上才能被其他人看见，这就需要用文件传输软件来进行文件的上传下载。除Dreamweaver自带的上传、下载功能外，在这里再介绍一个更为便捷的Cute FTP软件。

Cute FTP，FTP工具之一，其传输速度比较快，速度稳定；Cute FTP 虽然相对来说比较庞大，但其自带了许多免费的 FTP 站点，资源丰富（图1-4-7）。

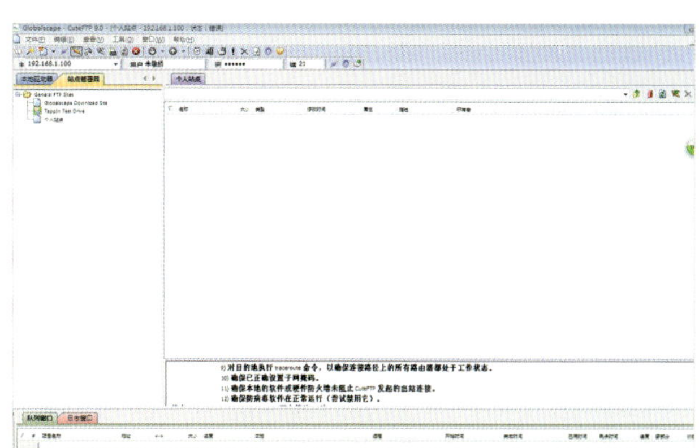

图1-4-7 Cute FTP界面

实践题

搜集你认为创意设计优秀的5个网站页面进行分析，并以图文并茂形式写出一份分析报告。

第二章 网页创意设计的界面规划与布局

2.1 网页界面构成形式

网页是通过视觉元素的引人注目而实现信息内容的传达，为了使网页获得最大的视觉传达功能，使网络真正成为可读强性而且新颖的媒体，网页的设计必须适应人们视觉流向的生理和心理的特点，由此确定各种视觉构成元素之间的关系和秩序。因此，设计时应该研究各种视觉造型元素之间的距离、位置、面积和视觉流程的问题。

2.1.1 优秀网页界面应具备的特性

优秀的网页界面设计是美学和功能在界面中的完美结合，具有以下几点特性。

（1）合理性

优秀的设计能吸引用户，条理清晰的内容更能引导用户。

对于专业可用性功能来说，用户获取信息所花费的时间是关键，不论是文本、一个链接或是一份表单，设计不能成为连接用户和信息的障碍（图2-1-1）。

（2）直观性

优秀的设计可通过直观的导航条穿梭网站。

导航条首先必须要有直观性，每一个链接都应有一个简洁的描述。导航条不仅能改变鼠标悬停的外观，还能指明网页的链接。其次，导航条、搜索栏、链接不是网页界面的主体，既要让用户容易分辨，又要处理好主次关系（图2-1-2）。

图2-1-1　简单清新的界面

图2-1-2　导航清晰的界面

（3）整体性

优秀的设计能让用户确认不同的网页界面属于同一网站，也就是整体设计的规范统一。

虽然主页界面会与其他网页界面有所不同，但所有的界面设计都应风格统一，努力做到表现形式一致（图2–1–3）。

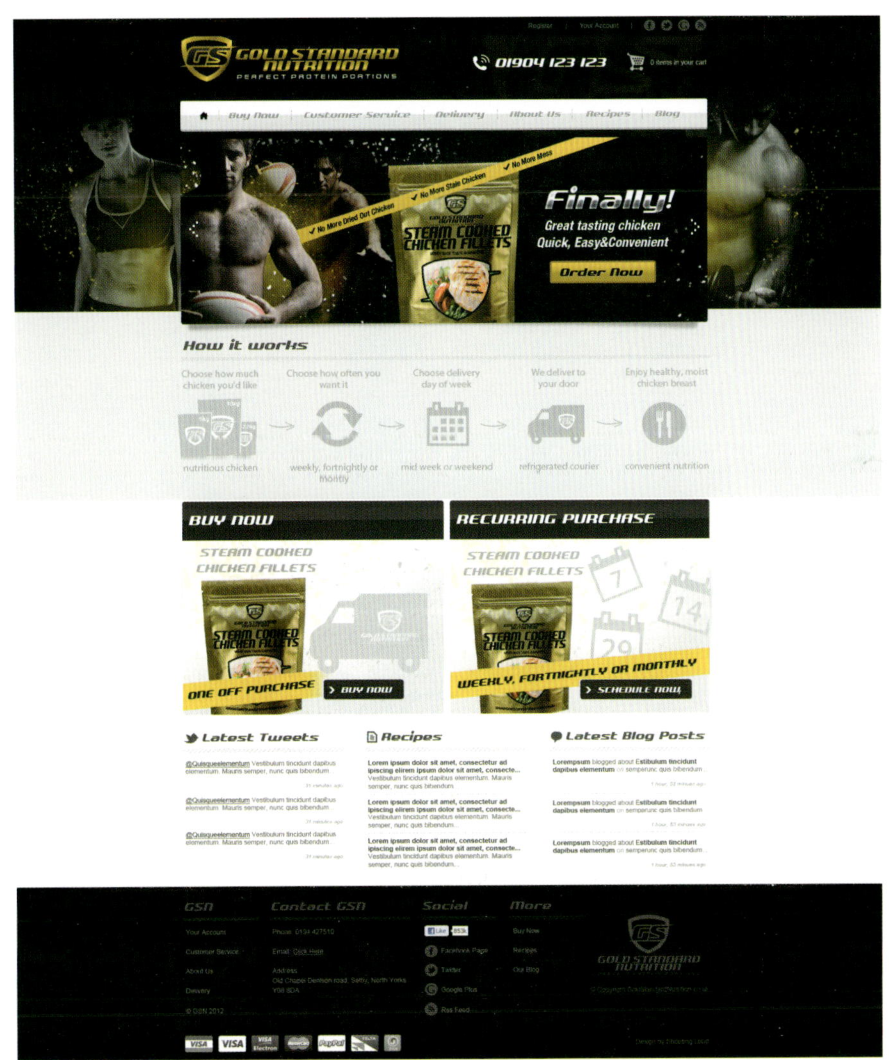

图2–1–3 网页整体性

（4）简洁性

现代社会生活、工作节奏日趋加快，人们无暇去慢慢欣赏网页设计的繁琐艺术，页面设计以需求功能为目标，要求简练、准确，这样才能吸引用户的关注（图2–1–4）。

图2–1–4 页面简洁

2.1.2 网页界面设计版面构成法则

（1）栅格理论

栅格设计风格的特点是运用数字的比例关系，通过严格的计算把版心划分为统一尺寸的网格。可将版面分为一栏、两栏、三栏或更多的栏，在分割好的栏目中就可以进行界面编排，将主体内容、标题、标识、图片、导航条等统一、有序地安排在其中，使版面具有一定的节奏变化，产生优美的韵律关系（图2-1-5）。

栅格设计在实际运用中强调比例感、秩序感、整体感、时代感和严密感，创造了一种简洁、朴实的版面艺术表现风格，具有科学性、严肃性，但同时也会给版面带来呆板的负面影响。设计师在运用栅格设计的同时，应适当打破栅格的约束，努力使画面活泼生动。

作为一种行之有效的版面设计形式法则，栅格设计将构成主义和秩序的概念引入设计之中，使文字、图片以及点、线、面等元素之间的协调一致成为可能。

图2-1-5 网页栅格法划分版面

（2）对称与均衡

视觉平衡就是将页面中每一版块做得基本一致，从而达到相互平衡，主要分为对称平衡与不对称的平衡，也叫均衡。虽然绝对平衡对网页界面设计作用不明显，但左右水平对称常在网页布局中得以运用。均衡是一种最常见的构成手法，也常用于网页界面设计中。仔细观察两栏布局设计的网页会发现，面积大的一边，通常是浅色的，或内容安排得较少，而小面积的常常会用深色，可以安排导航栏，这样不对称的布局就会取得均衡的效果，而不会导致重心的偏失（图2-1-6）。

对称的版式设计稳定、庄严、整齐、秩序、沉静，体现了一种古典主义的风格。为了避免对称界面所带来的单调乏味，设计时必须在对称中略带些变化（图2-1-7）。

图2-1-6 对称与均衡表现1

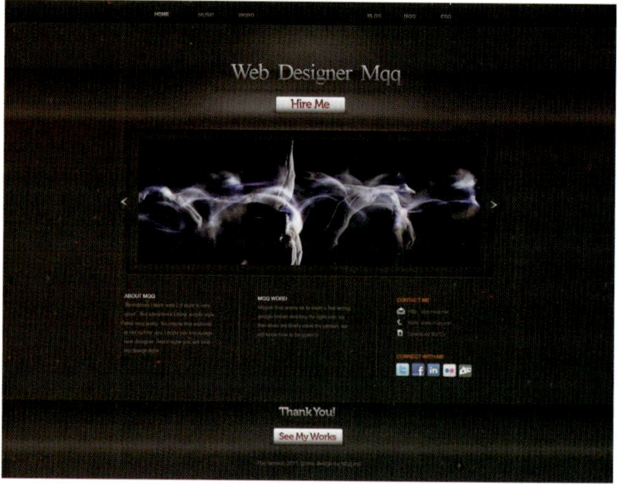

图2-1-7 对称与均衡表现2

（3）对比与调和

对比与调和是辩证统一的关系，经常被使用在页面设计当中。对比是指在质或量方面有区别和差异的各种形式要素的相对比较。调和就是适合，即构成美的对象在部分之间不是分离和排斥，而是统一、和谐，被赋予了秩序的状态。一般来讲，对比强调差异，调和强调统一，适当减弱设计要素间的差距，如同类色配合与邻近色配合具有和谐宁静的效果，给人以协调感。在网页界面设计构成中，对比与调和是相辅相成的，一般对比总是在局部，而调和却总是反映在整体版面上（图2–1–8、图2–1–9）。

（4）重复与交错

在页面版式设计中，重复与交错也是较常见的表现手法，利用连续重复的基本形或线等网页的构成元素，使得页面中运用的组成元素的形状、大小、方向变得统一，这种形式的版式设计可以使整个页面产生统一、整齐、规律的视觉感受。一般而言，为了避免产生单调和呆板的视觉效果，可以采取对页面中的图片、文字、色彩、线条、形体等细节作相应的调整，在主体统一的前提下求得一些局部的变化，使整个版式看起来既是统一、完整的，又不缺少变化、活跃的视觉效果（图2–1–10、图2–1–11）。

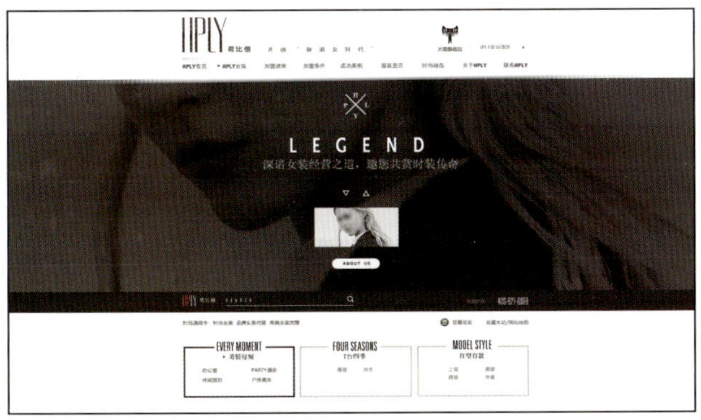

图2–1–8　对比与调和表现1

图2–1–9　对比与调和表现2

图2–1–10　重复与交错表现1

图2–1–11　重复与交错表现2

（5）节奏与韵律

在页面设计中，图文的安排是按照一定的条理、顺序重复连续地排列的，这种形式就是页面的节奏，有等距离的连续，也有渐变、长短、明暗、形状、高低等排列，构成节奏中具有美感与情感的韵律。有节奏就会有情调，可以增强网页的感染力和吸引力（图2-1-12、图2-1-13）。

（6）虚实与留白

根据中国传统美学“计白当黑”的基本原则，网页版式设计也讲究疏密与虚实相结合，辩证地处理“黑”与“白”的关系。网页艺术设计中文字编排的内容属于“黑”，也就是实体，“白”就是对比关系的虚体，也可是细弱的文字、图形或色彩，这要根据内容而定，内容也是相对的，不是一成不变的。留白是页面版式中未放置任何图文的空间，是“虚”的特殊表现手法，其形式、大小、比例决定着页面版面的质量。在页面编排设计中，巧妙地留白是为了更好地衬托主题，集中视线和造成页面布局的空间层次（图2-1-14、图2-1-15）。

（7）变化与统一

变化与统一是形式美法则，是对立统一规律在页面构成上的应用，也是页面构成最根本的要求。网页设计中，各种因素差异性而造成视觉上的跳跃统一是强调物质和形式达到某种因素的一致性。最能使页面达到统一的方法是版面构成要素要少些，而组合的形式却要丰富一些（图2-1-16、图2-1-17）。

秩序是创造形式美感最基本的方式之一，和谐是以美学整体性观念为基础，变化地体现了设计的内涵。设计优秀网页界面的构成法有很多，我们在遵循视觉艺术形式美构成法则的同时，更要具有创新意识。

图2-1-12　节奏与韵律表现1

图2-1-13　节奏与韵律表现2

图2-1-14　虚实与留白表现1

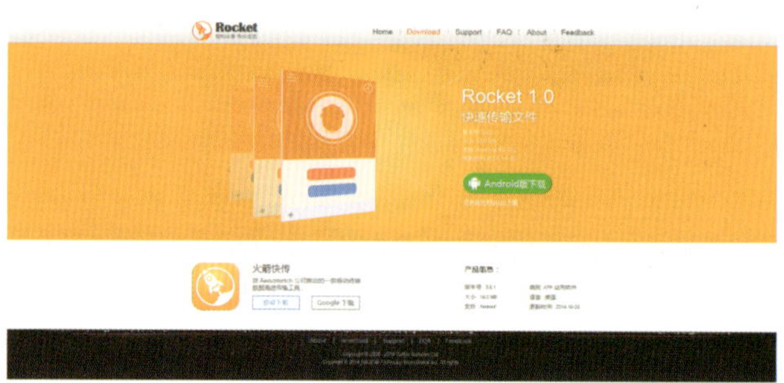

图2-1-15　虚实与留白表现2

图2-1-16　变化与统一表现1

图2-1-17　变化与统一表现2

2.1.3 网页布局结构宽度设定

如果网页界面设计布局不合理，在传递信息时易产生误解，难以使浏览者产生兴趣。一个优秀的网页界面设计者，最重要的一点就是需要站在用户的立场上对网页的结构进行合理地布局。

（1）屏幕分辨率

当前，分辨率1440×900像素的屏幕已相当普及了，但也有相当数量的用户在使用1024×768像素的终端，要想让更多的人浏览网页，这些因素也必须予以考虑。

网页设计的局限性就是无法突破显示器显示的范围，在通常情况下，浏览器的界面也需要占用一定的像素。因此，在屏幕分辨率是1024×768像素的情况下，页面显示的可视尺寸为1000×600像素，分辨率越高，可供使用的页面尺寸越大。

在网页设计中，布局的困难就在于用户的使用环境难以协调，网页显示有着太多的变化。这就需要我们在设计定位时考虑选择设置合适的浏览模式。

（2）固定宽度布局和不固定宽度布局的优劣对比

① 固定宽度布局。固定宽度布局被绝大多数网站使用。这种布局设计师比较容易控制图形在内容中的显示，如留白设计的控制可减少文字块，增加文字的可读性。但在大的分辨率窗口，页面显得较小，用户不能控制页面宽度（图2-1-18、图2-1-19）。

② 不固定宽度布局。不固定宽度布局的适应性强，大多数的设备都可适用，能减少用户滚动屏幕次

图2-1-18　固定宽度布局1

图2-1-19　固定宽度布局2

数。但文字行距较大，不易阅读；操作不方便，易出错（图2–1–20、图2–1–21）。

图2–1–20　不固定宽度布局1

图2–1–21　不固定宽度布局2

2.1.4 常见的布局结构

网页常见的布局结构有“国”字形布局、“匡”字形布局、“三”字形布局、“川”字形布局、海报型布局、Flash布局、标题文本型布局、框架型布局和变化型布局等。

（1）“国”字形布局

“国”字形布局也可以称为“同”字形，是一些大型网站所常用的类型，即最上面是网站的标题以及横幅广告条，接下来是网站的主要内容，左右分列两小条内容，中间是主要部分，与左右一起罗列到底，最下面是网站的一些基本信息、联系方式、版权声明等。政府网页一般采用这一结构类型（图2–1–22）。

（2）“匡”字形布局

这种结构与“国”字形布局其实只是形式上的区别，它去掉了“国”字形布局的最右边的部分，给主内容区释放了更多空间。这种布局上面是标题及广告横幅，接下来左侧是一窄列链接等，右列是很宽的正文，下面也是一些网站的辅助信息（图2–1–23）。

图2–1–22　“国”字形布局网页

图2–1–23　“匡”字形布局网页

（3）“三”字形布局

这是一种简洁明快的网页布局，在国外网页设计中比较多见。这种布局的特点是在页面上由横向两条色块将网页整体分割为三个部分，色块中大多放置广告条与更新和版权提示，如图2-1-24所示即是一种“三”字形布局的网页。

（4）“川”字形布局

整个页面在垂直方向分为三列，网站的内容按栏目分布在这三列中，最大限度地突出主页的索引功能（图2-1-25）。

（5）海报型布局

这种类型基本上是出现在一些网站的首页，大部分为一些精美的平面设计结合一些小的动画，放上几个简单的链接或仅是一个“进入”的链接，甚至直接在首页的图片上做链接而没有任何提示。这种类型大部分出现在企业网站和个人主页，如果说处理得好，会令人赏心悦目（图2-1-26）。

（6）Flash布局

这种布局是指整个网页就是一个Flash动画，它本身就是动态的，画面一般比较绚丽，是一种比较新潮的布局方式。Flash强大的功能，页面所表达的信息丰富（图2-1-27）。

（7）标题文本型布局

标题文本型布局是指页面内容以文本为主，这种类型页面最上面往往是标题等，下面是正文，如一些文章页面或注册页面等就是这一类（图2-1-28）。

（8）框架型布局

常见框架布局的有左右框架型、上下框架型和综合框架型。由于兼容性和美观等因素，这种布局目前专业

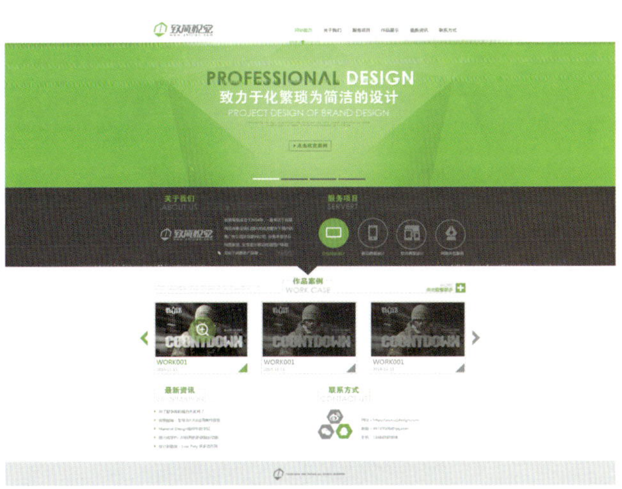

图2-1-24 “三”字形布局网页

图2-1-25 “川”字形布局网页

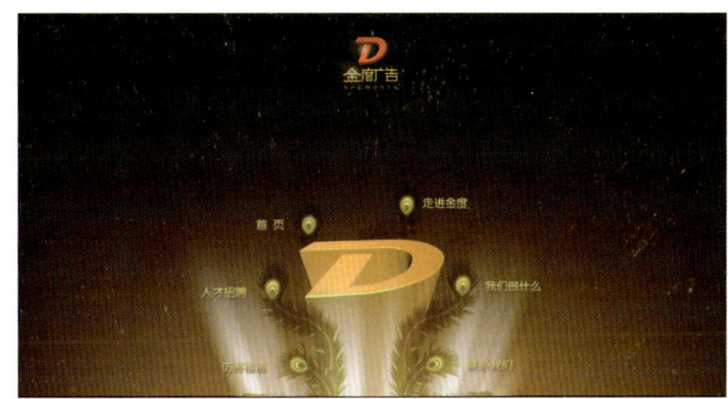

图2-1-26 海报型布局网页

图2-1-27 Flash布局网页

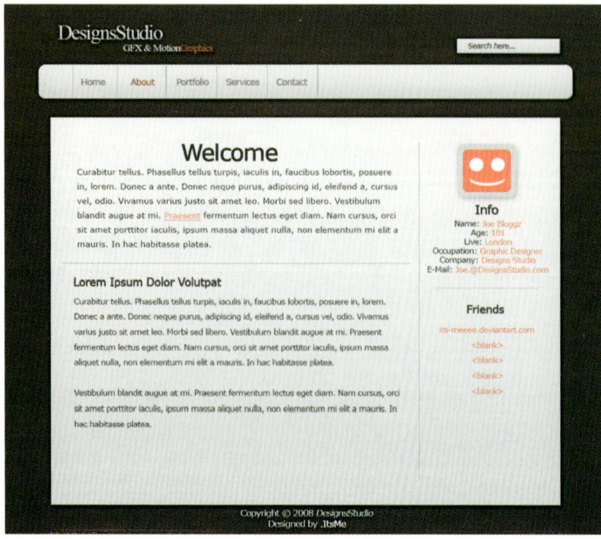

图2-1-28 标题文本型布局网页

设计人员采用的不多，不过在一些大型论坛上还是比较受青睐的，有些企业网站也有应用（图2-1-29）。

（9）变化型布局

变化型布局指的是上述几种类型的结合与变化（图2-1-30）。

图2-1-29 框架型布局网页

图2-1-30 变化型布局网页

2.2 网页界面设计流行趋势

2.2.1 扁平化设计

扁平的设计是近年出现的最大的趋势之一。扁平化设计最核心的是摒弃一切装饰效果，所有设计元素的边界都干净利落。苹果公司推出的 iOS7 就是一个典型的扁平设计产品，剥离多余的设计元素，包括去除传统的阴影，纹理和渐变模式的界面，基本上只使用平面形状，帮助用户有一个更方便的体验，如图2-2-1所示。

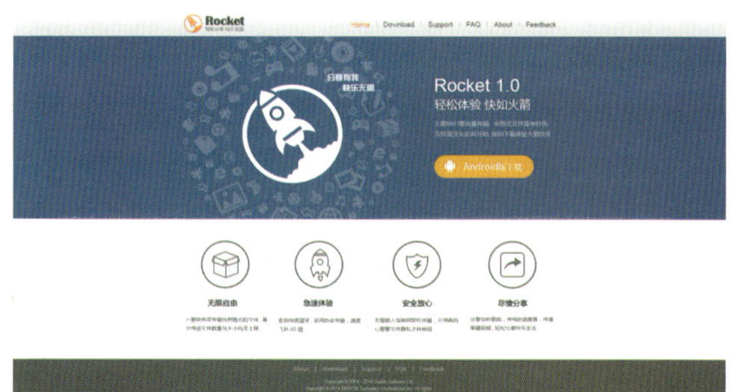

图2-2-1 扁平化设计网页

2.2.2 网页的个性化设计

现在的网页早已不像过去那样受诸多条件和技术限制了，呈现方式越来越丰富。无论是版面版式，还是设计元素，网页的风格化设计愈加明显。

（1）平面设计感加强

网页设计随着设备和技术的革新，早已突破了过去单一框架的限制，变得更加灵活。页面风格更多地开始向平面设计靠近，许多网页的页面设计极富海报和杂志的版式感，时尚而富有冲击力（图2-2-2）。

（2）注重字体设计

目前很多设计师将字体设计也融入了网页设计中，并作为设计的一个重要元素来增加网页趣味性。通过使用CSS3，设计师可以设计自定义字体，这给网页的视觉设计也提供了一个重要的设计思路（图2-2-3）。

图2-2-2　强烈的平面视觉效果

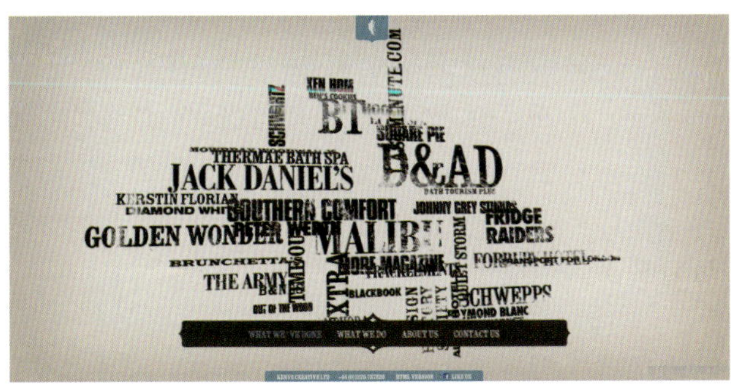

图2-2-3　文字构成艺术化处理

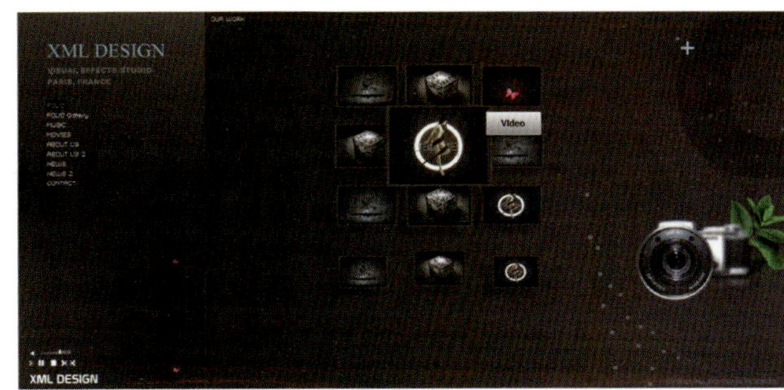

图2-2-4　动画元素活跃画面

图2-2-5　视频化背景

图2-2-6　网页左侧的滑出菜单

（3）丰富灵活的动画

如今交互性的网页设计已进入一个全新的水平，借助滚动动画，可以创建令人难以置信的效果，方便浏览者进行互动和探索（图2-2-4）。在现代技术允许的情况下，视频、动画也成为重要的信息发布手段。如果使用得当，大背景的视频可以让网页脱颖而出，让浏览者记忆深刻（图2-2-5）。

2.2.3 滑出菜单

滑出菜单设计能够确保不被其他因素打断地查看网站的内容。滑出式菜单可以从屏幕的顶部或侧面以无缝的切换方式呈现网站内容的其余部分，不会打断浏览者的浏览体验。滑出菜单的简约和便捷使其成为未来网页设计的趋势之一（图2-2-6）。

2.2.4 滚动侦测网页设计

网页界面利用CSS将导航栏固定在指定位置，并将版面内容按照导航顺序垂直或横向排布，使用户点击相应导航tab时页面自动滑到相应页面，若点击内容，导航也将随之改变。这种网页设计的页面基本不会跳转，每一个tab所指向的页面内容也基本一屏显示完整，所以在页面呈现的内容上会有所局限。为不影响布局，一般也会伴随自适应（图2-2-7）。

滚动侦测式的网页会给设计师带来了很大挑战——要在有限空间内保证内容呈现的完整性，故设计师会在版面上下足功夫。而这类网站结构和视差设计有异曲同工之处，所以我们发现很多网站会结合两者，给观者带来不一样的视觉感受和用户体验。

图2-2-7　滚动侦测网页

2.2.5 简单的配色设计

现在的网页设计更多的是只使用一种或两种颜色，越来越趋向一种明亮和干净的背景颜色的网页设计，制作出来的效果体现简约和人性化（图2-2-8）。

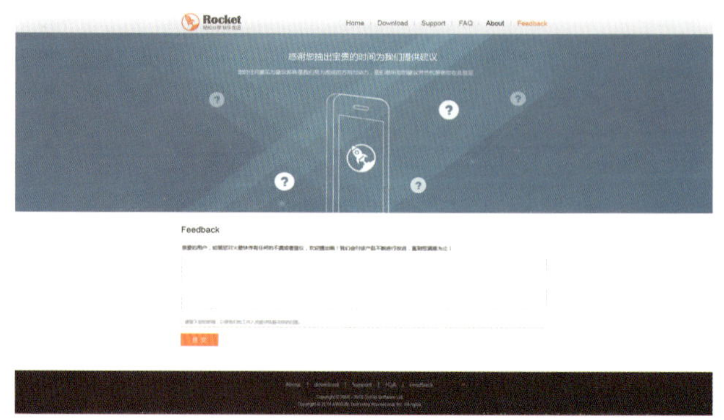

图2-2-8　简单的配色网页

2.2.6 响应式网页设计

响应式网页设计的理念是页面的设计与开发应当根据用户行为以及设备环境（系统平台、屏幕尺寸、屏幕定向等）进行相应的响应和调整。具体设计方式由多方面组成，包括弹性网格和布局、图片、响应式媒体查询的使用等，无论用户是使用笔记本还是iPad，页面都能够自动切换分辨率、图片尺寸及相关脚本功能等，以适应不同设备，即页面应该有能力去自动响应用户的设备环境。响应式网页设计是一个网站能够兼容多个终端——而不是为每个终端做一个特定的版本，这样就可不必为不断出现的新设备开发专门的版本。响应设计的理念并不仅仅是网页尺寸的改变，设计师的意识形态也应发生改变（图2-2-9、图2-2-10）。

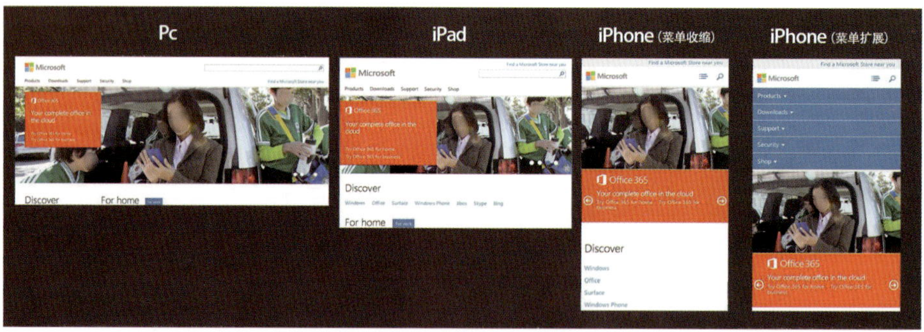

图2-2-9　同一网页在不同终端的表现1

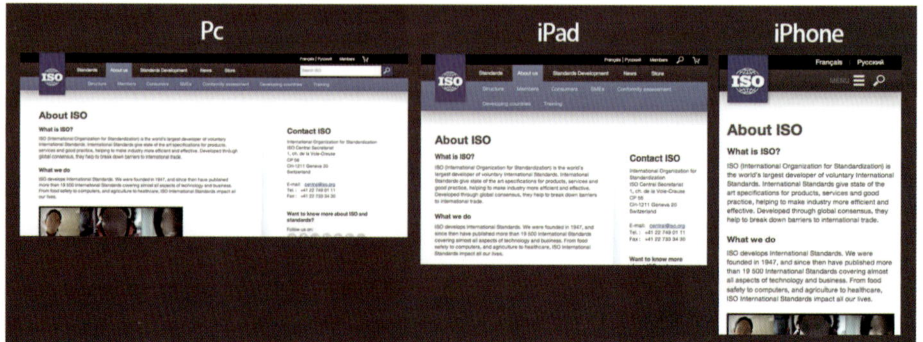

图2-2-10　同一网页在不同终端的表现2

2.2.7 视差滚动网页设计

视差滚动是指让多层背景以不同的速度移动，形成立体的运动效果，带来非常出色的视觉体验。作为网页设计的热点趋势，越来越多的网站应用了这项技术（图2-2-11、图2-2-12）。

图2-2-11　视差滚动网页表现1

图2-2-12　视差滚动网页表现2

2.2.8 全屏网页设计

为了更简单明了地突出主体，提供更舒适的感官感受，很多网站开始采用全屏网页设计，利用精心设计的背景，加上合理的页面布局，视觉冲击力大，可很好地吸引观者注意。通常页面内的文字内容不会特别多，以图片展示为主（图2-2-13）。这类的网页多用于摄影团队或个人作品集展示，简单、舒适，但承载信息有限，因此企业主页很少用这种设计。

图2-2-13　全屏网页设计

实践题

设计一个网站首页与二级页面的版式结构，要求有功能模块划分图和视觉效果图，并对方案进行分析报告。

第三章 网页创意设计的基础理论及应用技术

3.1 平面构成在网页中的应用

点、线、面是构成视觉空间的基本要素，是表现视觉形象的基本设计语言。任何视觉形象或者版式构成，归结到底，都可以归纳为点、线和面，网页设计也不例外。

3.1.1 网页版式设计中的点

点是构成网页的最基本的单位。一个单独而细小的形象可以称为点。点是相比较而言的，比如一个汉字是由很多笔画组成的，但是在整个页面中，它可以称为一个点。点也可以是一个网页中相对微小单纯的视觉形象，如一个按钮、一个LOGO等。

在网页界面设计中，运用点的属性可以将事物传达的意念概括为点的结构，从而创造出形形色色的点的造型，使网页活泼生动（图3–1–1）。一个网页往往需要有数量不等、形状各异的点来构成。点的方向、大小、位置、聚集、发散等不同形式的排列组合，创造出变化无穷的视觉形式，给人带来不同的心理感受（图3–1–2）。

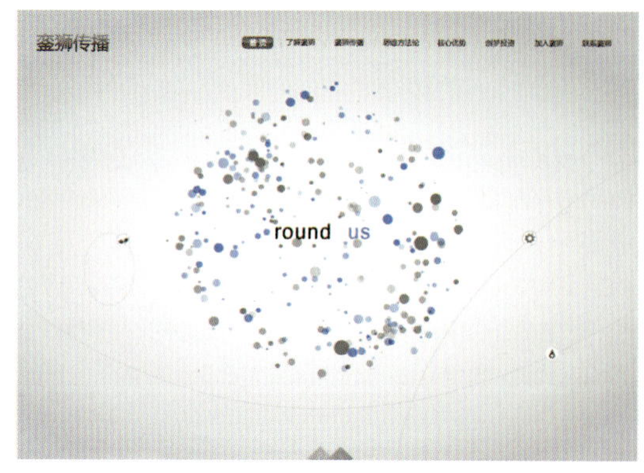

图3–1–1 网页中点的疏密表现

图3–1–2 网页中点的发散表现

3.1.2 网页版式设计中的线

线是点移动的轨迹，几何意义上线只有长度，没有宽度和厚度。在网页设计中，线是有宽度和厚度的，只有这样才能表现出线的形象。

在网页界面设计中，运用不同性格线的造型和不同的线性组合作为视觉要素，可以大大丰富网页界面的视觉效果，也可以传达各自不同的信息。带有色彩的实线可以引导视觉浏览的秩序，或用于达到页面中的内容在视觉上的平衡，或组成纹饰以装饰页面，或用于分割页面，决定页面形象。线的放射、粗细、渐变还可以体现三维空间的感觉（图3–1–3）。

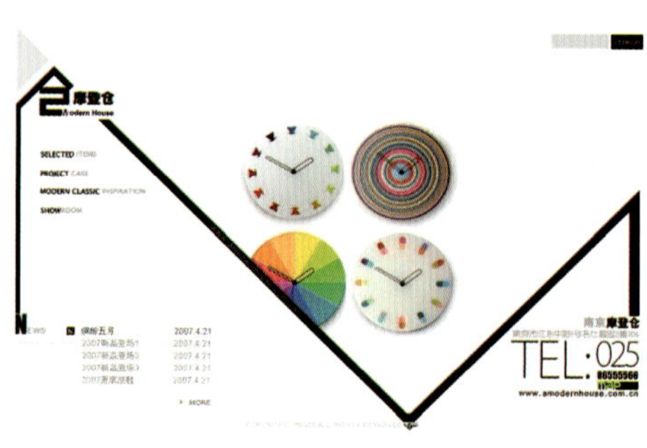

图3–1–3 网页中线的引导表现

线的大小粗细不同、位置方向不同、曲直形态不同，所表达的情感诉求和视觉感受也不一样。掌握和了解线在页面中产生的各种情感联想，对网页的版式设计具有很大帮助（图3-1-4）。

图3-1-4　网页中线的模块划分表现

3.1.3 网页版式设计中的面

面是由线的连续移动而形成的，面具有长度、宽度，但没有厚度。面在页面界面设计中常常出现，可以说，网页界面设计的构成离不开面的组合。

在网页界面设计中，面在视觉信息的传达中扮演着重要角色。由面形成的图形比由线形成的图形更具有视觉冲击力。面可以作为网页的背景，以突出网页的信息，达到更好的传达效果。首先，网页本身就是面，网页上的元素都将在此范围内进行编排。其次，网页上的图片与主要文字内容作为网页界面的主体，主要是作为面来参加编排，界面中的空白所形成的面具有放松视觉的作用，也可以产生想象空间。各种编排方式与视觉要素的组合使网页界面具有了多样的风格与多元的视觉特色。合理有效地处理网页界面设计中面的构成关系，可以使整个页面充满美感，富有艺术气息（图3-1-5）。

图3-1-5　网页中面的表现

3.1.4 点、线、面在网页设计中的综合应用

在实际运用中，点、线、面在网页界面设计中往往是共同起作用的。线可以对面进行各种分割产生新的面的形态，点可以对面进行点缀，面可以衬托点与线，面因为面积的优势通常比线与点更有冲击力。点、线、面在构成关系中所起的作用是通过与其他元素的关系而决定的。面与面通过重叠、密集、平行、穿插、搭接等方式也可以产生新的形态。所以在网页界面设计中应当平衡好它们之间的关系，将点、线、面进行综合、灵活的运用，以创造出丰富、充实、充满活力的界面设计（图3-1-6）。

图3-1-6　网页中点线面的综合应用

3.2 文字编排在网页中的应用

文字信息是网页内容的具体表现，是传达信息的主体部分，其主体作用是动画、图形和影音等其他任何元素所不能取代的。文字信息是标题的详细内容，浏览者在阅读标题之后，还要在文字信息中得到进一步的解答。在进行网页设计时，文字信息虽然简单，但内容一定要适合标题。同时对文字的字体、字形、大小、颜色和编排都要进行精心的设置，以达到更好的浏览效果（图3–2–1）。

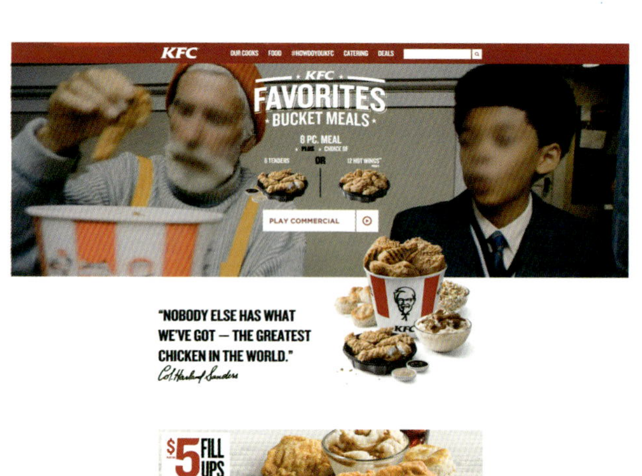

图3–2–1　网页中的文字表现

3.2.1 字号、字体、行距

（1）字号

字号大小可以用不同的方式来计算，例如磅或像素。因为以计算机的像素技术为基础的单位需要在打印时转换为磅，采用磅为单位比较适宜。

最适合于网页正文显示的字体大小为12磅左右，现在很多综合性站点由于在一个页面中需要安排的内容较多，通常采用9磅的字号。较大的字体可用于标题或其他需要强调的地方，小一些的字体可以用于页脚和辅助信息。需要注意的是，小字号可以产生整体感和精致感，但可读性较差。

文字大小决定网页形象，文字标题的大小控制了网页形象。大字号标题给人有力、活跃、自信的印象；小字号标题则表现出纤细和缜密的印象。另外，文字大小的对比也会左右印象。标题文字的大小与正文之比叫做跳动率。跳动率越大，画面越活跃；反之越稳重（图3–2–2）。

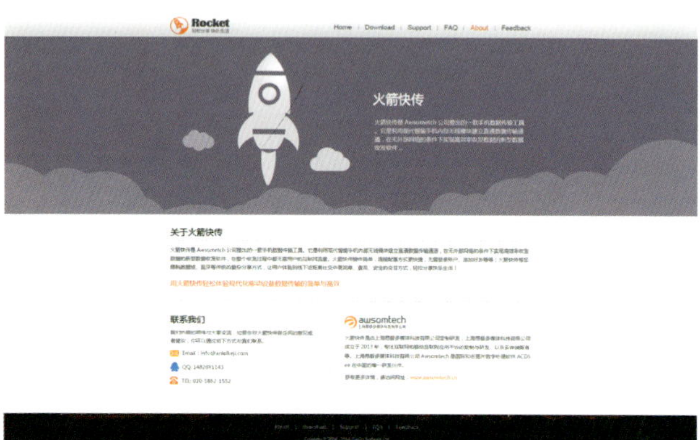

图3–2–2　不同字号表现

（2）字体

字体选择是一种感性、直观的行为，网页设计者可以用字体更充分地体现设计中要表达的情感。粗体字强壮有力，有男性特点，适合机械、建筑业等内容；细体字高雅细致，有女性特点，适合服装、化妆品、食品等行业的内容。在同一页面中，字体种类少，版面雅致，有稳定感；字体种类多，则版面活跃，丰富多彩。关键是如何根据页面内容来掌握这个比例关系（图3–2–3）。

从加强平台无关性的角度来考虑，正文内容最好采用缺省字体。因为浏览器是用本地机器上的字库显示页面内容的，作为网页设计者必须考虑到大多数浏览者的机器里只装有三种字体类型及一些相应的特定字体。而指定的字体在浏览者的机器里并不一定能够找到，这给网页设计带来很大的局限。在确有必要使用特殊字体的地方，可以将文字制成图像，然后插入页面中。

设计师要打破常规，能根据不同的需求，对字体进行独特的个性化的设计。同时字体的图形化设计有利于页面氛围的营造以及更好的传递产品的特性以及功能等，特别是在推广页面设计的时候，我们对标题

图3-2-3 文字字体表现

文案（往往概括了整个活动的专题商业需求）进行特殊的设计处理，与其他的内容文案形成对比，引起用户的知觉兴趣，从而达到让用户有效地了解页面的重点信息（图3-2-4至图3-2-6）。

图3-2-4 网页中的设计字体1

图3-2-5 网页中的设计字体2

图3-2-6 网页中的设计字体3

（3）行距

行距的变化也会对文本的可读性产生很大影响。一般情况下，接近字体尺寸的行距设置比较适合正文。适当的行距会形成一条明显的水平空白带，以引导浏览者的目光，而行距过宽会使一行文字失去较好的延续性。

除了对于可读性的影响，行距本身也是具有很强表现力的设计语言，为了加强版式的装饰效果，可以有意识地加宽或缩窄行距，体现独特的审美意趣。如加宽行距可以体现轻松、舒展的情绪，应用于娱乐性、抒情性的内容恰如其分。另外，通过精心安排，使宽、窄行距并存，可增强版面的空间层次与弹性（图3-2-7）。

（4）网页文字的设计准则

① 文字的风格和编排符合网页主题。

② 保持文字的可读性。

③ 保持文字设计的整体性。

④ 大量的文字适合使用文本文字，文本文字应选用常用的系统字体。

⑤ 图形文字要注意控制文件的大小。

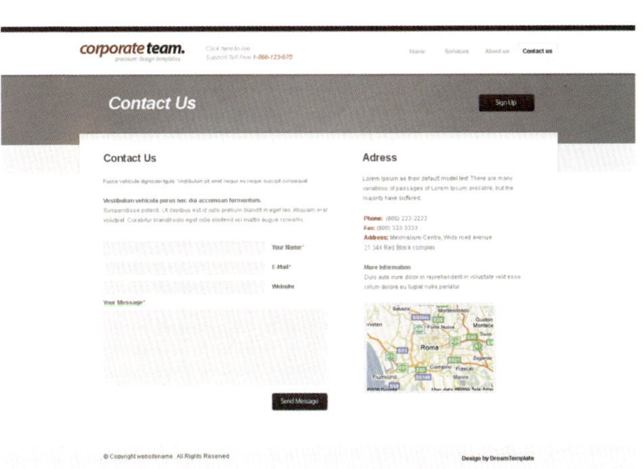

图3-2-7 网页文字不同行距表现

3.2.2 文字的编排

（1）文字的编排方式

页面里的正文部分是由许多单个文字经过编排组成的群体，要充分发挥这个群体形状在版面整体布局中的作用。从艺术的角度可以将字体本身看成是一种艺术形式，它在个性和情感方面对人们有着很大的影响。在网页设计中，字体的处理与颜色、版式、图形等其他设计元素的处理一样非常关键。

① 两端均齐。文字从左端到右端的长度均齐，字群形成方方正正的面，显得端正、严谨、美观。

② 居中排列。在字距相等的情况下，以页面中心为轴线排列，这种编排方式使文字更加突出，产生对称的形式美感。

③ 左对齐或右对齐。左对齐或右对齐使行首或行尾自然形成一条清晰的垂直线，很容易与图形配合。这种编排方式有松有紧，有虚有实，跳动而飘逸，产生节奏与韵律的形式美感。左对齐符合人们阅读时的习惯，显得自然；右对齐因不太符合阅读习惯而较少采用，但显得新颖。

④ 绕图排列。将文字绕图形边缘排列。如果将底图插入文字中，会令浏览者感到融洽、自然。

（2）文字的疏密处理

通过文字大小疏密进行处理，突出重点，层次分明。上、中部文字编排疏散，传达出轻松愉快的感觉。下部的文字编排采用较小的行距，与上面的编排方式形成对比，丰富了版面空间层次（图3-2-8）。

图3-2-8　文字的疏密处理

（3）文字的叠置

文字与图像之间或文字与文字之间在经过叠置后，能够产生空间感、跳跃感、透明感和叙事感，从而成为页面中活跃的、令人注目的元素。虽然叠置手法一定程度上影响了文字的可读性，但能形成页面独特的视觉效果。这种不追求易读的表现手法体现了一种艺术思潮，大量运用于传统的版式设计，在网页设计中也被广泛采用（图3-2-9、图3-2-10）。

图3-2-9　网页中文字间的叠置

图3-2-10　网页中文字与图像的叠置

（4）文字轮廓化曲线排列

有时为了表达某种含义，或是让单调的页面变得更加有趣，可以把文字精心编排，设计出多种不一样的形状。如由文字沿图形、字母、动物、人物或植物等形状排列，可以使页面更加贴切网页主题和风格，增加页面的趣味性和活跃性（图3-2-11）。

图3-2-11 网页中文字轮廓化处理

图3-2-12 文字首字放大

图3-2-13 首行文字的装饰

3.2.3 文字的强调

运用对比的法则，将要强调的文字作适当的处理，使被强调的文字在字体、规格、颜色、方位等方面与正文相区别而产生变化，以满足实现文字的语义功能和美学效应。但是，应该注意尽可能少地运用强调，在一个页面上运用过多的特殊设置会影响浏览者阅读页面内容。

（1）行首的强调

行首的强调有意识地将正文的第一个汉字或字母放大、在首行前加上图形或者首字与整行字不同的颜色并作装饰性处理，嵌入段落的开头。由于它有吸引视线、装饰和活跃版面的作用，所以被应用于网页的文字编排中（图3-2-12、图3-2-13）。

（2）引文的强调

引文概括一个段落、一个章节或全文大意，因此在编排上应给予特殊的平面位置和空间来强调。引文的编排方式多种多样，如将引文嵌入正文的左右侧、上方、下方或中心位置等，并且可以在字体或字号上与正文相区别而产生变化。

（3）个别文字的强调

如果将个别文字作为页面的诉求重点，则可以通过加粗、加框、加下划线、加指示性符号、倾斜字体等手段有意识地强化文字的视觉效果，使其在页面整体中显得出众而夺目。另外，改变某些文字的颜色，也可以使这部分文字得到强调。这些方法实际上都是运用了对比的法则（图3-2-14）。

图3-2-14　个别文字表现的网页

（4）链接文字的强调

在网页设计中，为文字链接、已访问链接和当前活动链接选用各种颜色和样式（如加粗、倾斜、下划线）。例如，使用Dreamweaver编辑器，默认的设置是正常字体颜色为黑色，默认的链接颜色为蓝色，鼠标点击之后又变为紫红色。使用不同颜色的文字可以使想要强调的部分更加引人注目。

如果要改变链接文字颜色，则不要使用和背景相似的色相、相似的饱和度以及相似的亮度的颜色作为链接的颜色（图3-2-15）。

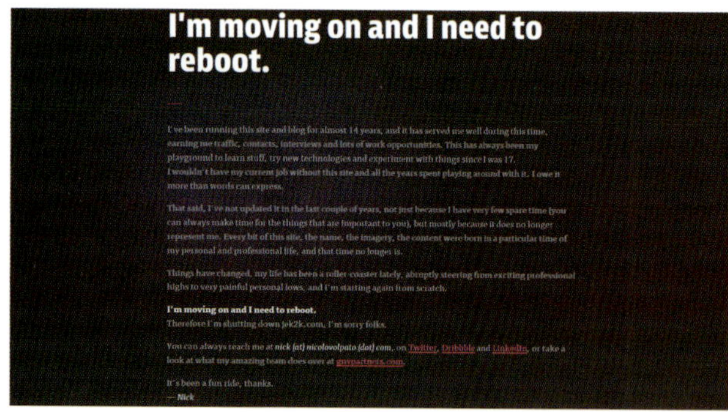

图3-2-15　链接文字的强调

3.2.4 文字的色彩

在网页设计中，使用不同颜色的文字可以使想要强调的部分更加引人注目，颜色的运用还对整个文案的情感表达也会产生影响。但应该注意的是，文字的颜色尽量少量运用，页面上运用过多的颜色也会影响浏览者阅读页面内容（图3-2-16、图3-2-17）。

图3-2-16　网页文字色彩表现

图3-2-17　用不同颜色文字的强调

3.3 图形图像在网页中的应用

图形图像是网页中的重要组成部分。从某种程度上说，图形图像在Web页面上的重要性甚至高于正文的文本。图形图像在视觉传达方面有先天的优势。Internet之所以在今天如此受青睐，很大程度上归功于Web图形图像界面的可读性。图形图像的应用使Web页面更加美观、有趣。图形图像也是传达信息的重要手段之一。

3.3.1 图形图像的作用

选择得当的图形图像能让网页潜移默化地影响观者，有时图形图像所传递的情绪、含义和内容是文字无法代替的。图形图像的直观性具有压倒性的说服力，能够牢牢吸引观者的视线。图形图像能直接表现主题，并且凭借直观性，使观者产生共鸣。

（1）图形图像的外形处理

图形图像的外形能使页面的气氛发生变化，并直接影响浏览者的兴趣。一般而言，方形的稳定、严肃，三角形的锐利，圆形或曲线外形的柔软亲切，退底图及一些不规则或不带边框的图像活泼（图3-3-1）。

图3-3-1　网页中图像外形处理应用

（2）图形图像的面积

图形图像在网页中占据的面积大小能直接显示其重要程度。一般情况下，大图片容易形成视觉焦点，感染力强，传达的情感较为强烈；小图片常用来穿插在文字中，显得简洁而精致，有点缀和呼应页面主题的作用。在一个页面中，如果只有大图片而无小图片或细密的文字会显得空洞，只有小图片又使页面缺乏视觉冲击力。

图片的大小不仅决定着主从关系，也控制着页面的均衡与运动。大小对比强烈，给人跳跃感，使主角更突出；大小对比减弱，则页面沉稳。访问者在浏览页面时，由大到小的引导使视线在页面上流动，造成一种动势，使页面活泼起来（图3-3-2）。

图3-3-2　网页中不同大小图片编排

（3）图形图像的数量

图形图像的数量是根据内容决定的。只用一幅图片，会使内容突出、页面安定。随着图片的增加，页面会因为有了对比和呼应而活跃起来。但限于目前网络的传输速度，使用图片时一定要谨慎，大的图像会降低页面显示速度，即使是小图像，如果运用数量过多，同样会使页面加载速度变慢。随着网络环境及技术条件的改善，这种情况已经有了很大的改观（图3-3-3）。

（4）图形图像与背景的关系

网页图形图像与背景是对比和统一的关系，二者在和谐统一的基础上，存在一定的对比，以使主要图形图像更加突出（图3-3-4）。如精密的相机镜头以粗糙的岩石为背景，明亮的文字以深邃的星空为背景，或使用没有背景及陪衬物的退底图像，周围留出大面积空白，

图3-3-3 网页中多图表现

图3-3-4 图形图像与背景的对比统一

都是利用对比对主体形象起到突出作用。

3.3.2 图形图像的格式

Web通常使用的图片格式大致可以分为两类，即位图和矢量图。

（1）图形图像文件

① 矢量图。矢量图也称为向量图，矢量图是通过数学方法计算对象的轮廓线和填充属性来描述图形的，图片可以是一个点或一条线。矢量图只能靠软件生成，文件占用内在空间较小。它的特点是放大后图像不会失真，和分辨率无关。

目前，能够在网页中直接应用的矢量图形只有Flash动画，其他格式的矢量图形只有转换为Flash格式才能在网页中应用。

② 位图。位图也称为点阵图或像素图，是由称作像素（图片元素）的单个点组成的，这些点可以进行不同的排列和染色以构成图样。位图是连续色调图像（如照片或数字绘画）最常用的电子媒介，因为它可以表现阴影和颜色的细微层次。扩大位图尺寸的效果是增大单个像素，从而使线条和形状显得参差不齐。操作位图时，分辨率既会影响最后输出的质量，也会影响文件的大小。

（2）图形图像的格式

① GIF图像格式。GIF文件以.gif作为扩展名，目前几乎所有相关软件都支持它，公共领域有大量的软件在使用GIF图像文件。GIF图像文件的数据是经过压缩的。在一个GIF文件中可以存多幅彩色图像，如果把存于一个文件中的多幅图像数据逐幅读出并显示到屏幕上，就可构成一种最简单的动画。但是GIF格式最多只能储存256色，所以通常用来显示简单图形及字体，这大大限制了GIF文件的应用范围（图3-3-5）。

图3-3-5 GIF格式图像

② JPEG图像格式。JPEG文件的扩展名为.jpg或.jpeg，支持全彩色模式，所以很适合用来优化颜色丰富的图像（图3-3-6）。其用有损压缩方式去除冗余的图像和彩色数据，取得极高的压缩率的同时，能展现十分丰富生动的图像。JPEG还是一种很灵活的格式，具有调节图像质量的功能，允许用不同的压缩比例对这种文件压缩。JPEG格式压缩的主要是高频信息，对色彩的信息保留较好，适合应用于互联网，可减少图像的传输时间，也普遍应用于需要连续色调的图像。

图3-3-6 JPEG格式图像的应用

由于JPEG优异的品质和杰出的表现，其应用也非常广泛，特别是在网络上。目前各类浏览器均支持JPEG图像格式，因为JPEG格式的文件尺寸较小，下载速度快，使得网页有可能以较短的下载时间提供大量美观的图像。

但JPEG文件不适合优化颜色单纯的图像，容易使图像模糊；不支持透明底图；不能做成动画。

③ PNG图像格式。PNG图像文件存储格式目的是试图替代GIF和TIFF文件格式，同时增加一些GIF文件格式所不具备的特性，是一种位图文件存储格式。PNG用来存储灰度图像时，灰度图像的深度可多到16位，存储彩色图像时，彩色图像的深度可多到48位。PNG使用无损数据压缩算法，一般应用于JAVA程序、网页或S60程序中，因为它压缩比高，生成文件容量小。随着网络技术、带宽、移动网络终端的飞速发展和交互媒体UI设计的流行趋势，PNG格式图像的应用越来越多，已经超越了GIF格式的应用（图3-3-7）。

PNG可以为原图像定义256个透明层次，使得彩色图像的边缘能与任何背景平滑地融合，从而彻底地消除锯齿边缘。这种功能是GIF和JPEG没有的。其显示速度也很快。但是文件存储容量比JPEG格式大，没有GIF格式拥有的动画功能，不完全支持所有浏览器。

④ SWF格式。SWF文件格式是一种基于矢量的图形文件格式，也是目前Internet上获广泛支持的矢量图形格式。

随着网络技术和网络带宽的发展，SWF格式几乎取代GIF的动画格式。GIF格式动态图像是最早的网络动态图，只能表现256色，图像质量较差；SWF格式可以表现全真色彩，使网页的动态图的视觉效果更为真实、美观、时尚。

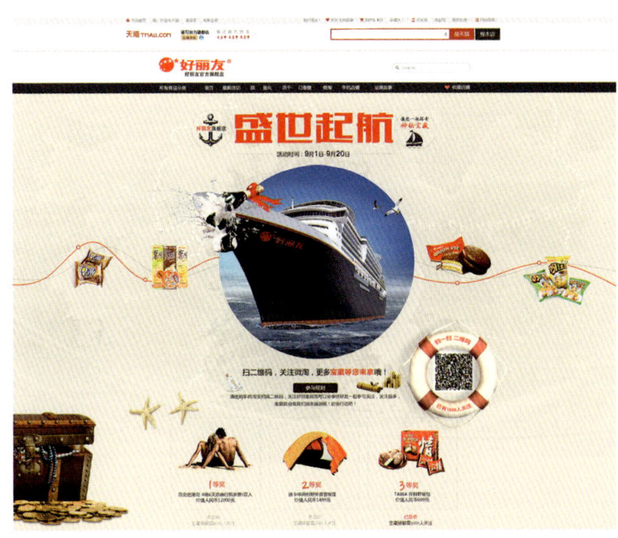

图3-3-7 PNG格式图像的应用

SWF文件格式的单帧可以实现矢量图在网页中显示，可以弥补诸如AI、CDR等格式矢量图形无法在网页中使用的局限。

SWF文件格式还是可以实现动态按钮的格式，由于SWF格式文件的生产者Flash软件具有支持后台编码功能，可以实现无限的动态方式，比以往的GIF动态按钮变化多、时尚（图3-3-8）。

图3-3-8 SWF图像的应用

3.3.3 图像的形式

同印刷排版一样，图形图像在网页排版中的运用不外乎四种形式，即方形图、退底图、出血图以及这三种形式的结合使用。方形图、退底图、出血图原本是印刷排版中的术语，但在网页图形排版中同样适用。

（1）方形图

即图形以直线边框来规范和限制，是一种最常见、最简洁、最单纯的形态。方形图使图像内容更突出且将主体形象与环境共融，可以完整地传达主题思想，富有感染性。配置方形图的页面给人以稳重、严谨、理性和安静等感觉，但有时也显得平淡、呆板（图3-3-9）。

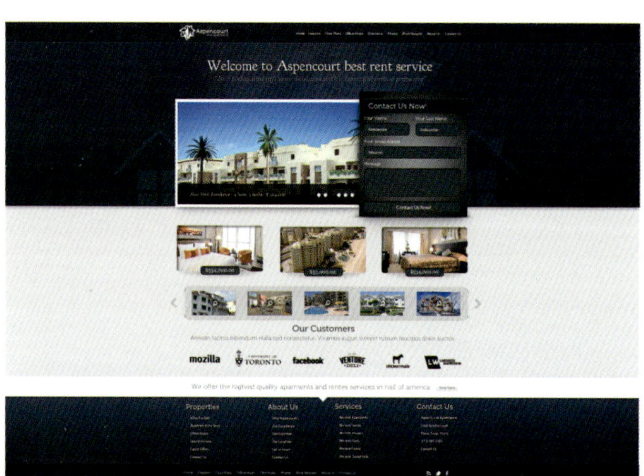

图3-3-9　网页中方形图表现

（2）退底图

将图像中的背景去掉，只留下主题形象。退底图形自由而突出，更具有个性，因而给人印象深刻。配置退底图的页面，轻松、活泼，动态十足，图文并茂，给人以亲和感。但也容易造成凌乱的感觉。随着PNG格式的广泛应用，退底图在网页设计中的使用越来越多，已经成为一种主流图像编排方式（图3-3-10）。

（3）出血图

图像的一边或几个边充满页面，有向外扩张和舒展之势。一般用于传达抒情或运动信息的页面，因不受边框限制，感觉上与人更加接近，便于情感与动感的发挥（图3-3-11）。

图3-3-10　网页中退底图的应用

图3-3-11　网页中出血图的应用

3.3.4 图像的编排

（1）四角与中轴四点结构

页面的四个角与对角线、中轴四点及水平与垂直的中轴线，具有支配页面结构的作用。

四角是页面边界相交形成的四个点，把四角连接起来的斜线即对角线，交叉点为页面中心。中轴四点指经过页面中心的垂直线和水平线的端点。这四个点可上、下、左、右移动。

通过四角与中轴四点结构的不同组合、变化，可以求得多样的页面结构。在图像排版时紧紧抓住这八个点，可以突出网页的形式美感，网页的版式设计、视觉流程的筹划也得到相应简化（图3-3-12、图3-3-13）。

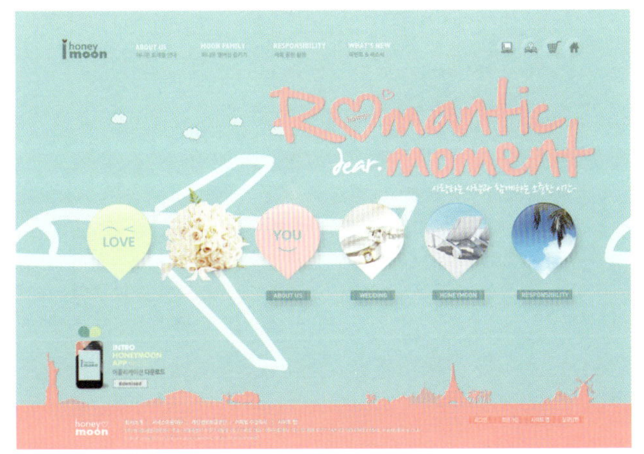

图3-3-12　网页四角编排

图3-3-13　网页中轴四点编排

（2）块状组合与散点组合结构

块状组合，即通过水平、垂直线分割，将多幅图像在页面上整齐有序地排列成块状，这种结构具有强烈的整体感和秩序美感。图片相互自由叠置或分类叠置而构成的块状组合，具有轻快、活泼的特性，同时也不失整体感。

散点组合，即图片分散排列在页面各个部位，具有自由、轻快的感觉。采用这种结构应注意图像的大小、主次，以及方形图、退底图和出血图的配置，同时还应考虑疏密、均衡、视觉流程等（图3-3-14）。

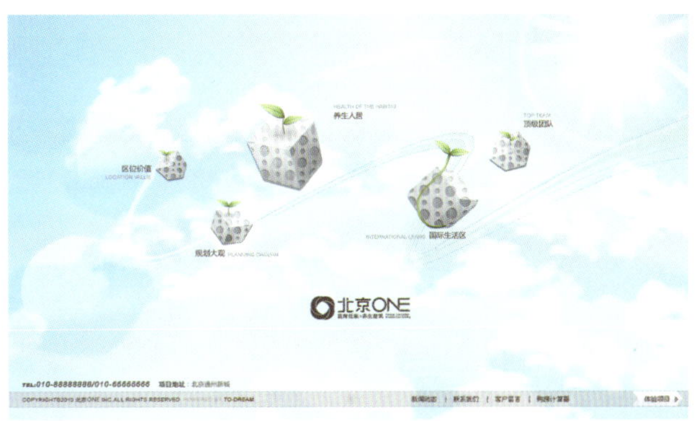

图3-3-14　网页编排的散点构成

3.3.5 插画的效果

在一些网站中（比如幼儿类、时尚类网站），插画是必不可少的。插画可以体现网站主题、风格，一些网站设计完全是以插画为主，它可以给人留下深刻的印象。插画风格最明显的优势就是在设计中添加一些新颖、独特的元素，在这个注意力持续时间极短的数字世界中，插画这个突出的元素显得特别引人注目（图3-3-15）。插画并不一定是活泼明亮的那种，同摄影作品一样，插画也可以营造出任何想要的气氛。

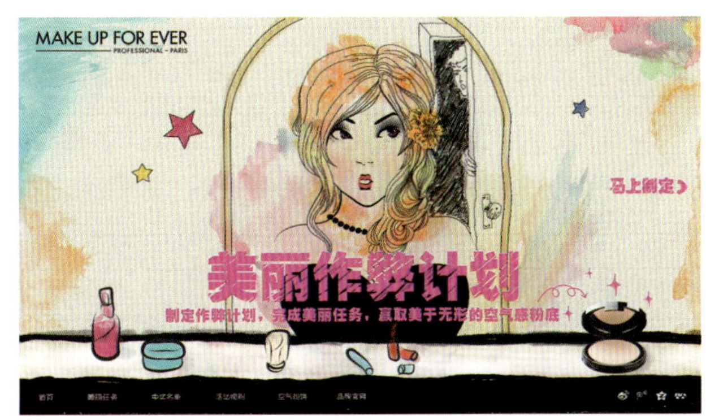

图3-3-15　网页中插画的应用1

插画是设计师的想象、创意的体现，它可以是夸张的、变化的和寓意的，这也决定了其主题针对性较强，所以我们在网页中使用也要注意插画的主题、风格要切合网页内容（图3-3-16）。

图3-3-16　网页中插画的应用2

3.4 色彩在网页中的应用

色彩的应用在网页创意设计中起着十分重要的作用。网页色彩是树立网站形象的关键之一，浏览者在浏览网页时，留下的第一印象往往就是页面的色彩设计。具有视觉冲击力的色彩可以激发人们浏览页面的兴趣，从而达到视觉传达的有效性。

合理的色彩搭配可以协调设计出更多元素，从而突显网页的个性，色彩的寓意和对人的心理情感指向功能在设计中也不容忽视。在网页界面设计中合理、有序、整体地使用颜色，对我们提升网页的艺术感染力具有很大的作用。

3.4.1 显示器下的色彩

普通24位显示适配器可产生约1678万种颜色，虽然这数字范围很大，但RGB的色彩范围要远远小于可见光谱的范围。由于CMYK与RGB分别是减色原理和加色原理，因此输出的图像与在显示器上看到的色彩相对要暗一些。Lab色彩模式以明度、纯度和色相对色彩进行表述，在进行图像处理或在不同平台和系统间交换时，都不会产生色偏或失真的情况。

适用于网页设计的色彩模式是RGB模式和HSB模式，而不是平面印刷设计用的CMYK和灰度模式。

（1）RGB

RGB是表示红色、绿色、蓝色，又称为三原色光。在计算机中，RGB的所谓“多少”就是指亮度，并使用整数来表示。在通常情况下，RGB各有256级亮度，用数字表示为从0至255。按照计算，256级的RGB色彩能组合出约1678万种色彩。

对于单独的R或G或B而言，当数值为0时，代表这种颜色不发光；如果为255，该颜色为最高亮度。因此，当RGB三种色光都发到最强的亮度，纯白色的RGB值就为（255. 255. 255）。屏幕上黑色的RGB值是（0.0.0）。黄色较为特殊，是由红色加绿色而得到的是（255. 255. 0）。

RGB模式是显示器的物理色彩模式，这就意味着无论在软件中使用何种色彩模式，只要是在显示器上显示的，图像最终均以RGB模式显示。

（2）HSB

HSB模式中的H、S、B分别表示颜色的色相、饱和度、明度，这是一种从视觉的角度定义的颜色模式。一般情况下，颜色的饱和度，高色彩较艳丽，反之，色彩就接近灰色；明度高色彩明亮，明度低色彩暗淡，明度最高得到纯白，最低得到纯黑。浅色的饱和度较低，明度较高，而深色的饱和度高而明度低。HSB模式中，S和B呈现的数值越高，饱和度明度越高，页面色彩强烈艳丽，对视觉刺激迅速，但不宜于长时间的观看。H显示的度是代表在色轮表里某个角度所呈现的色相状态，相对于饱和度（S）和亮度（B）来说，意义不大。

3.4.2 色彩的整体性

网页不是孤立的，多个相关的网页才能构建成一个网站。也就是说，网页是整体中的一个局部，其设计要服从网站整体的需要。网页色彩也是如此，需要具有一种整体感，这种整体感很大程度上决定了网站风格。色彩渗透于每个网页的每个区域，这种渗透是全方位的，也是决定性的。一旦色彩缺乏整体感，也即意味着网站风格的紊乱。网页色彩与其他造型要素相比，在网站风格的形成上起着更重要的作用（图3-4-1）。

（1）色彩的系统性

网页色彩的整体感首先指的是网页之间色彩的系统性，各个相关网页通过超链接在内容上保持着相互

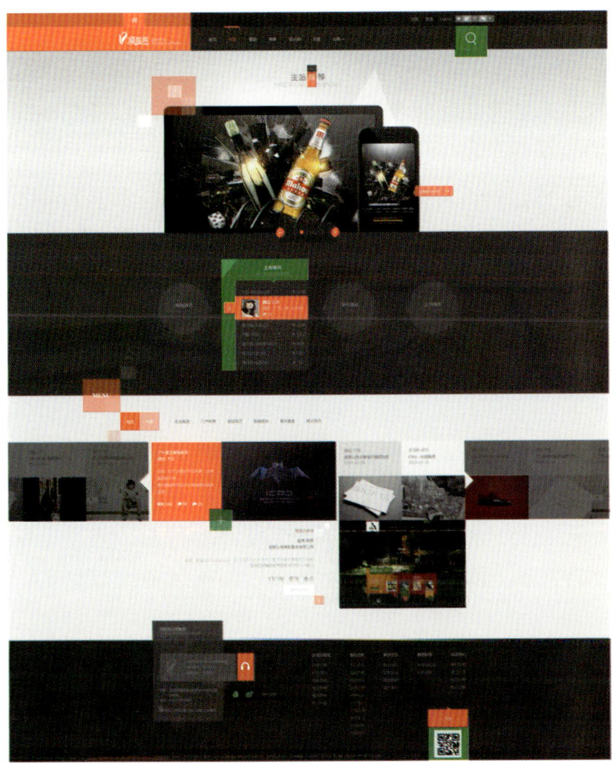

图3-4-1 网页色彩整体协调

图3-4-2 首页不同色彩标示二级交互

图3-4-3 橙色二级页面

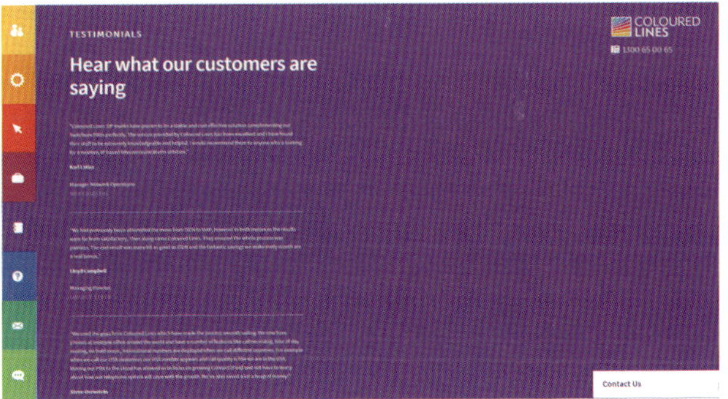

图3-4-4 紫色二级页面

图3-4-5 绿色二级页面

的联系，网页色彩也随着这种联系发生着相互作用和过渡。这种相互作用和过渡应该是自然的、和谐的。色彩的系统性是对相关网页配色方案和色调的协调与组织。相关网页在确定色彩基调的基础上，协调各自网页的配色方案，包括补色配置、对比色配置、类似色配置、同种色配置。在形成系统的色彩风格下，各种配置可以穿插设置，前提是保持一个完整的视觉印象。色调不同，网页构成只要处理得当，一样可以产生色彩协调感，而且可以增加网页的丰富性（图3-4-2至图3-4-5）。

（2）页面的协调感

网页色彩整体感还体现为网页页面本身的协调感。网页包括导航条、广告条、动画、图形图像、VI视觉符号等内容，它们的色彩变化直接影响着页面色彩的协调。在处理网页各种视觉要素的色彩时，要避

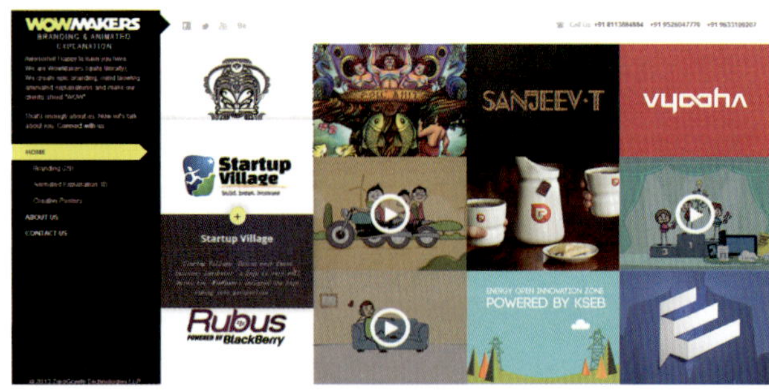

图3-4-6　网页色彩的协调搭配1

图3-4-7　网页色彩的协调搭配2

免出现只注重各要素的色彩变化，而忽略各要素色彩协调的误区。要处理好页面色彩之间的协调关系，灵活应用网页背景色十分重要。把网页背景色的配置作为网页色彩的基调，在此基础上处理好各要素色彩的对比与调和，就能达到较好的色彩效果（图3-4-6、图3-4-7）。

3.4.3 色彩的情感

色彩本身是可见光的物理作用导致的视觉现象，但不同的色彩会给浏览者带来不同的心理感受。这是因为人们积累了许多色彩视觉经验，一旦这种经验与环境色彩产生对应时，就会在人的心理反应上激发起特定情绪。这种心理反应，通常与人的性别、年龄、性格、素养、习惯乃至民族相关。

人们对色彩的心理反应与生活经验积累分不开，每个人对同一种色彩因为生活经验的不同，产生的情感也不同。但人类对色彩的视觉心理反应具有共性特征，进而形成具有共性的色彩视觉心理。色彩的视觉心理通常体现在以下几个方面。

（1）色调与情感

色调作用于人的视觉和心理，通过与过去的经验、记忆或知识相联系，产生诸如进退、冷暖、轻重、软硬等视觉感觉。如蓝色常常与蓝天、大海相联系，给人以冷静、智慧、深远、透明的感觉，进而容易使人产生理智、忧郁、永恒、简朴等心理情感。因此，蓝色调往往运用在与科技相关的网站、怀旧的网站等，如图3-4-8所示。同理，红色调给人以热情、革命、温馨、活力等心理感受，往往运用于与政府、女性、运动相关的网站。色调确定了网页的整体感觉，决定了网页的情感倾向，它没有固定的模式，其选择要根据网页的内容和定位来确认。

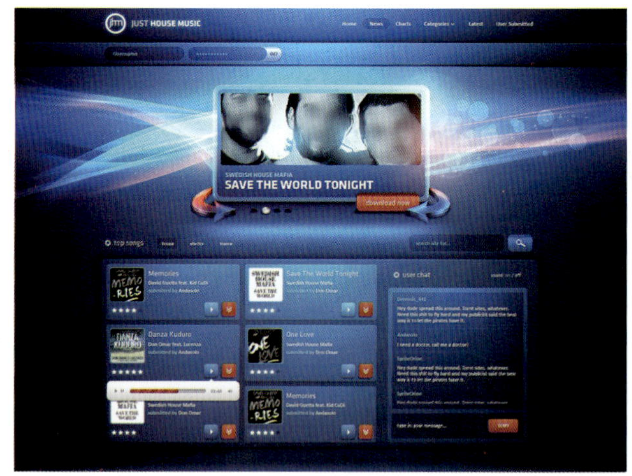

图3-4-8　蓝色为主表现的网页设计

除色相变化能引起人的情感变化外，色彩的明度和纯度变化也能影响人的情感。高纯度的色系感情强烈、冲动，体现了积极进取的感情取向（图3-4-9）；低纯度的色系自然、安静，适于表现舒缓、怀旧、浪漫的氛围（图3-4-10）；高明度明快、清新，

图3-4-9 高纯度色系表现的网页设计

图3-4-10 低纯度色系表现的网页设计

图3-4-11 高明度表现的网页设计

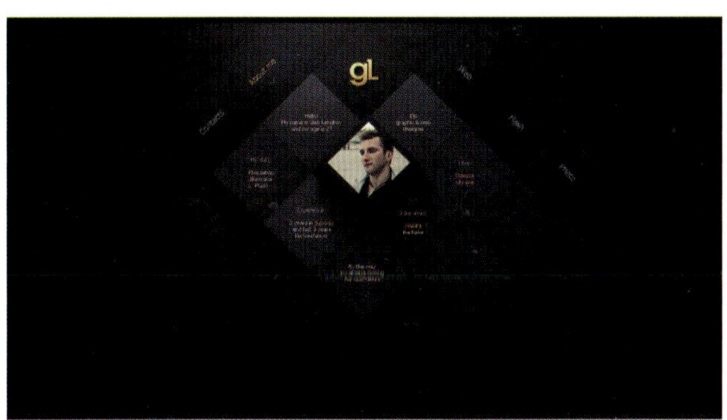

图3-4-12 低明度表现的网页设计

降低了网页的严肃感（图3-4-11）；低明度带来了神秘感，混沌不安中又给人以希望（图3-4-12）。不同的色调引发不同感觉和感情倾向，给网页设计带来了丰富的情感因素，为我们创造不同风格个性的网页留下了广阔的空间。

（2）色彩排列与情感

色彩的排列方式也影响着色彩的情感表现，同样的色调因色彩的排列方式不同，也会影响着人的情绪。在网页中色彩的排列是四维度的，即在长、宽、深三维度的基础上加上时间维度。在二维平面上，色块有大小、疏密、对称、均衡、聚散、节奏等的变化，加上色彩重叠在三维的方向产生深度和层次感的变化，对色彩的情感倾向有很大的影响。页面色彩大面积的分割显得稳重而大气（图3-4-13）；小面积的

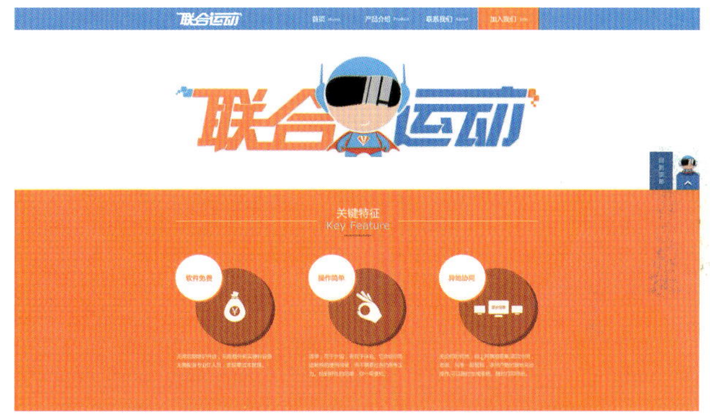

图3-4-13 色彩大面积分割表现的网页设计

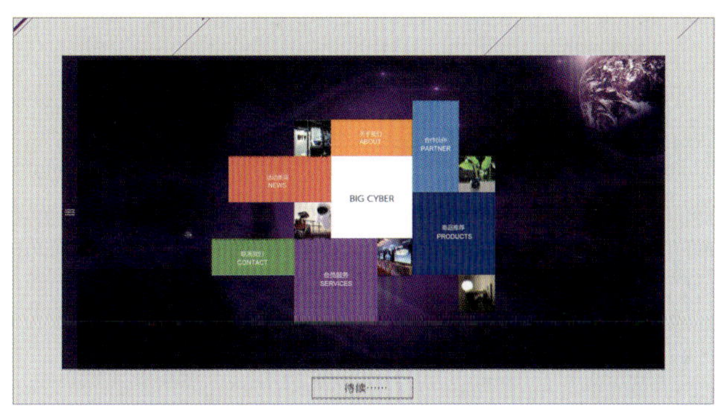

图3-4-14 色彩叠式手法表现的网页设计

色彩有规律的交替变化，让人紧张而富有活力；对称的色彩排列庄重、有严肃感；均衡的色彩排列自由而浪漫；色彩排列节奏紧张，人的心理也紧张；节奏舒缓心理就放松。色彩还通过重叠、交叠、透叠等手法使平面产生纵深感和空间感，使人产生深远、神秘、梦幻等心理感受（图3-4-14）。

网页的时间性变化也影响着色彩的情感。网页动画帧的变化、网页页面在屏幕上的上下左右移动以及网页之间相互转化，都能产生网页的时间性变化。在这些情况下，随着时间的流逝，网页的色彩也发生变化。这种变化如果是自然、舒缓的，带给浏览者的心理感受也是平静、放松、悠闲的；变化如果是突变、紧张的，浏览者的心理也会有紧张、刺激、热烈、活泼、不安等不同感受。

3.4.4 网页色彩的形式感

色彩因其自身形式规律的存在而具有自身的形式美感。诸如色彩的渐变、突变、重复、交替、对比、调和等色彩构成规律，将色彩如同一个个音符组织起来，形成网页色彩的形式感。这种形式感表现在色彩的韵律、对比、节奏、均衡上。

（1）色彩的节奏和韵律

色彩的节奏和韵律也是网页色彩的形式感体现，它是通过色彩的交替变化出现的。通过色彩有规律的重复、渐变、突变，可以形成网页色彩的视觉节奏。具有节奏感的色彩与色调相结合，在页面形成特定的视觉流程，就会形成生动的色彩律动和韵律。例如，暖色色彩有规律地渐变和黑白色的点缀，使页面呈现生动的色彩律动。节奏和韵律是人类最原始的感觉之一，反映着生命本能的冲动，很容易引起人的情感共鸣。但由于在色彩中，节奏、韵律作为一种同时性形式因素，不像在音乐中具有时间性那样容易被感知，这就需要设计师去主动发现和控制色彩节奏和韵律，增强网页时间和空间的变化，使网页设计体现出生动感人的艺术魅力（图3-4-15、图3-4-16）。

（2）色彩的均衡与对比

色彩的均衡是指各色块之间的平衡。在网页色彩设计中，不仅有网页的色调，还有蕴含于色调之中的各色块之间大小、位置、形状、颜色等相对关系作用

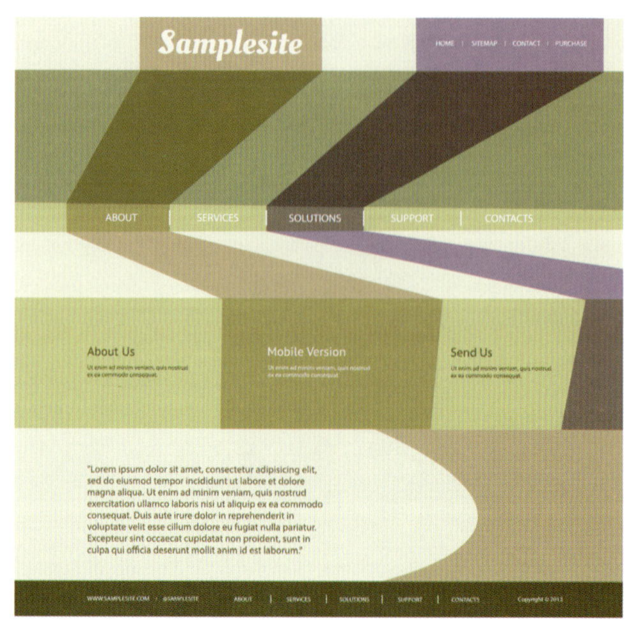

图3-4-15　网页色彩的节奏和韵律表现1

图3-4-16　网页色彩的节奏和韵律表现2

于色彩的整体视觉印象。如果说色调定下了网页色彩的基调的话，那么色彩的均衡就是从局部来调整色彩的感觉。色彩的均衡是在感性色彩基础上的一种理性构造，最终目的是将色块调整到视觉感觉更为合理的位置，以制造一种画面的平衡。此外，还可以从明度上来分析它们之间的均衡（图3-4-17）。

对称是均衡的一种特殊形式，也是最容易达到平衡效果的均衡形式。页面绝对对称会显呆板，在对称的色彩配置中往往需要小的变化来打破绝对平衡（图3-4-18）。

对比是自然界普遍存在的规律，色彩的对比也始终存在于网页色彩当中。应用好色彩的对比，关键是

图3-4-17　网页色彩的均衡

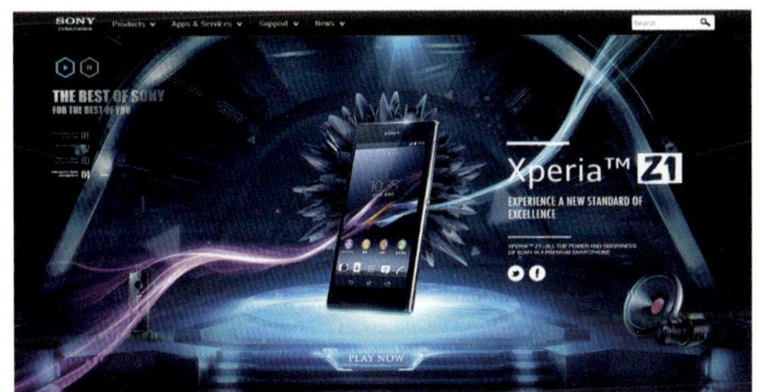

图3-4-18　网页色彩的对称

把握好“对比之中求调和，调和之中求对比”这一设计法则。就是说，当运用以对比为主的色彩搭配时，就要考虑增强对比色彩在诸如色相、明度、形状等方面的某一共同因素，反之，如果运用以调和为主的色彩搭配时，就要加强色彩在某一方面的对比力度。过度对比而无调和的网页页面只会给人以杂乱、刺眼、不安的印象，而只有调和的网页色彩则易给人带来单调、平淡的感觉，这些都是在设计中要尽力避免的（图3-4-19、图3-4-20）。

图3-4-19　黄黑对比

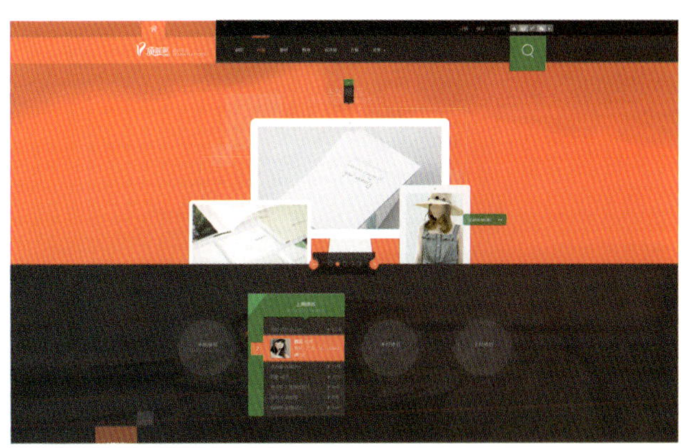

图3-4-20　红黑对比

3.4.5 网页色彩的风格

网页设计历史并不长，受现代色彩观念的影响，色彩的丰富性从一开始就是网页设计的发展趋向。根据变化统一的原则，可以将不同的色彩进行组合、搭配来构成各种风格的网页色彩设计。在众多令人眼花缭乱的配色方案中如何选择来确立网页色彩风格，是值得我们思考的一个问题。首先，色彩风格的确立取决于网站的目标定位，网页的终端受众首先决定了色彩的倾向。如面向儿童的网页设计就要考虑到儿童的色彩取向，其色彩要求色相明确、个性鲜明、对比较强，否则将不会受到儿童的欢迎（图3-4-21）。同样，政府网站、学生网站、男性网站与女性网站的色彩风格应该是不一样的（图3-4-22）。因为面对目标的年龄、气质、环境、阶层、经济乃至国家、种族、宗教信仰的不同，其审美需求也不一样，只有符合最

图3-4-21　儿童主题网站

图3-4-22　女性主题网站

终受众审美需求的色彩风格，才能引起他们的情感共鸣。其次，色彩风格与网站的内容要能够相互呼应。通过色彩自身的表现力表现好网站的内容，使内容与色彩风格有机地结合起来，更好的发挥色彩的内在力量。因此，那些虽然美观但与网页内容相冲突的色彩风格，只会对网页信息传递产生消极作用。

网页设计作为一门新兴学科，其色彩风格的审美情趣必然带有鲜明的时代特征。后现代主义设计思潮与网页设计几乎同时兴起，当前，后现代风格的色彩设计已成为优秀网页设计的主流（图3-4-23）。随着时代的变迁，适应新时代的设计思想也会随之产生，对色彩审美的价值取向也会有所不同。优秀的设计师会紧随时代，敏锐地触摸到色彩的审美变化和对色彩感情的影响，并能将色彩运用与自我审美相融合，确立网页独具个性的色彩风格（图3-4-24）。网页设计

图3-4-23　色彩后现代风格

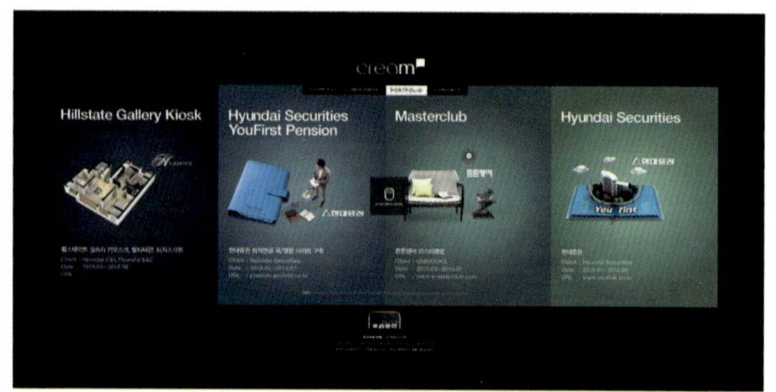

图3-4-24　艺术的色彩风格

师只有超越自身的局限，把握住时代脉搏，自觉运用色彩感觉、情感和色彩想象，才能够为网页设计出最适合的色彩风格。

3.5 音频、视频在网页中的应用

网络音频和视频是指网络中应用的各种声音和影片形式。与广播、电视等传统媒体相比，网络音、视频的应用使用户可以随时自主选择和接收需要的声音和影像信息，具有实时、交互、可选择的优点。以前，受网络技术，特别是网速的影响，在网络上应用音频和视频时都要尽量压缩文件数据量，避免网络带宽不足影响播放的速度和流畅性，这样导致了网络音视频的低质量。现今，网络技术的发展，特别是网络服务器及网速的大力提升，无损音频、高清视频将成为网络实时播放的主流。

在这里，我们来认识其相关的一些技术和网络音视频格式。

3.5.1 流媒体

流媒体是指采用流式传输的方式在网络上播放的多媒体文件。而流媒体技术就是把连续的影像和声音信息经过压缩处理后放上服务器，让用户一边下载一边观看、收听，而不需要等整个压缩文件下载到自己机器后才可以观看的网络传输技术。流媒体技术包括三个要素，分别是编码器（编码技术）、流服务器和播放器（解码、播放），编码器按照一定算法编写和压缩媒体文件，流服务器用相应的传输控制协议传输文件，最后由播放器还原编码并播放。

流媒体技术的原理是在用户端的计算机上创造一个缓冲区，在播放前预先下载一段资料存入缓冲区，在网络实际连线速度小于播放所耗用资料的速度时，播放程序就会取用这一小段缓冲区内的资料，避免播放的中断，也使得播放品质得以维持。用户不必像采用下载方式那样等到整个文件全部下载完毕。与单纯的下载方式相比，这种对多媒体文件边下载边播放的流式传输方式不仅使启动延时大幅度地缩短，而且对系统缓存容量的需求也大大降低，极大地减少了用户等待的时间。

目前流媒体技术被广泛应用于网络音、视频中。但值得注意的是，流媒体的音视频下载播放，会在本地硬盘中设定一个缓存区，不断地写入、读出、移除等，这对本地计算机的存储设备是一大考验。

3.5.2 音频

在网页中使用音乐需要用到多种音频文件格式，各种音乐格式都有自己的特点，并且不同的音乐格式都需要相应的播放器来播放（图3-5-1）。以下是网页中常见的音频文件格式（图3-5-2）。

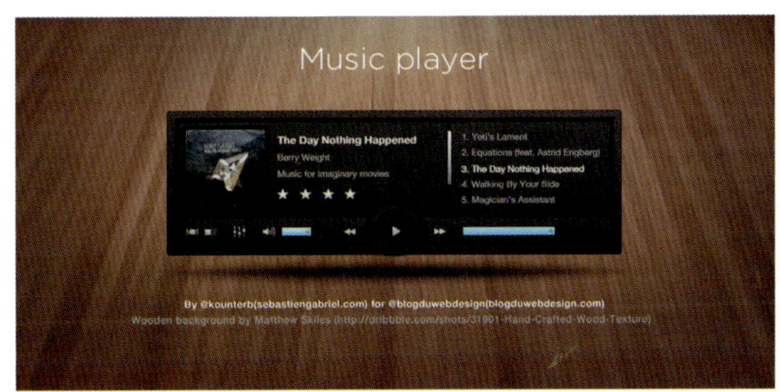

图3-5-1 音频界面

图3-5-2 百度音乐

（1）MIDI文件

MIDI文件只能用于器乐，不能表现自然人声。MIDI文件并不是一段录制好的声音，而是记录声音的信息，然后告诉声卡如何再现音乐的一组指令。许多浏览器不需要插件就支持MIDI文件，1分钟的MIDI音乐的数据量大约为5~10KB，因此，用很小的数据量就可以提供较长时间的声音剪辑。MIDI文件不能被录制，而是通过计算机作曲软件写出或通过声卡的MIDI把外接音序器演奏的乐曲输入计算机。在网页设计中，MIDI常用于背景音乐和电子贺卡。

（2）WAV文件和AIF文件

WAV文件多用于Windows平台，而AIF文件则在Apple Macintosh平台应用较多。两种音乐格式具有很大的相似性：都是无损音乐格式，都可以支持多种压缩算法；两种声音文件质量和CD相差无几，都具有很好的声音品质；许多浏览器都支持这两种格式并且不要求插件；可以从CD、磁带、麦克风等录制WAV文件或AIF文件，几乎所有的音频编辑软件都支持这两种格式。WAV文件和AIF文件常常用于较短的网页音效，如按钮音效等，而不太适用于较长时间的网页音乐。

（3）MP3文件

MP3是现在网络音频文件格式的主流。MP3音频文件的压缩是一种有损压缩，虽然MP3文件的音质要次于CD格式或WAV格式的声音文件，但是一般人很难分辨出来。MP3可运用流媒体技术，以便访问者不必等待整个文件下载完成即可收听该文件。MP3没有版权保护技术，要播放MP3文件，用户端只需安装播放程序或插件即可。

（4）RealAudio文件

RealAudio文件的数据量要小于MP3 。RealAudio可以根据不同的网络带宽而设置不同声音的质量，主要适用于网络上的在线音乐广播和欣赏。RealAudio是典型的音频流媒体文件，可以在普通的Web服务器上对RealAudio文件进行“流式处理”，用户安装了RealPlayer程序或插件就可以边下载边播放声音，RealAudio在低带宽环境下的传输性能非常突出。

（5）WMA文件

WMA格式是Microsoft公司开发的压缩音乐格式。WMA的优点是压缩率可以达到1：18左右；支持音频流技术，适合在线播放，并且Windows平台已自带Windows Media Player软件，不需要安装额外的播放器；WMA还内置了版权保护技术，便于正版音乐的传播。

3.5.3 视频

网络视频，是指由网络视频服务商提供的、以流媒体为播放格式的、可以在线直播或点播的声像文件。网络视频一般需要独立的播放器，并以WMV、RM、RMVB、FLV以及MOV等视频文件格式传播的动态影像，现今主流文件格式是基于P2P（对等网络）技术占用客户端资源较少的FLV流媒体格式。网络视频包括各类影视节目、新闻、广告、Flash动画、自拍DV、聊天视频、游戏视频、监控视频等（图3-5-3）。

图3-5-3 网页界面视频

目前在网页设计中常用的可在线观看的视频流媒体技术如下。

（1）Real Media

Real Media是Real Networks公司在20世纪90年代中期推出的流媒体技术，其对应的播放器是RealPlayer或Real One Player。Real Media的可伸缩视频技术可以根据用户计算机的速度和连接质量而自动调节媒体的播放质量，通过Real Media的自适应流技术，可以提供自动适合不同带宽用户的流播放，实现在低速率的网络上进行影像数据实时传送和播放，并可以在不必下载音频/视频内容的条件下实现在线播放。Real Media具有一定的交互能力和媒体控制能力，不过相比QuickTime来说还是要弱一些。与Windows Media相比，通常Real Media视频更柔和一些，而Windows Media视频则相对清晰一些。

（2）QuickTime

QuickTime是Apple公司开发的音、视频规范，它是目前数字媒体领域事实上的工业标准。其默认的播放器是Apple的QuickTime Player。QuickTime具有跨平台性，能够同时支持Mac OS和Windows OS，并具有较高的压缩率和较完美的视频清晰度等。QuickTime还是一个开放式的媒体架构，可以包含多种媒体技术，如在一个QuickTime文件中可包含MIDI、GIF、Flash等格式的文件，能够设计出各种互动界面和动画，因此，QuickTime具有目前所有流媒体中最好的交互性。此外，QuickTime还包括QuickTime VR虚拟技术，具有实现虚拟现实的能力。

（3）FlashVideo

FlashVideo流媒体格式是一种新的视频格式，简称称为FLV。由于它形成的文件极小、加载速度极快，使得网络观看视频文件成为可能，它的出现有效地解决了视频文件导入Flash后，使导出的SWF文件体积庞大，不能在网络上很好的使用等缺点。目前各在线视频网站均采用此视频格式。如我国主流视频网站新浪播客、56、土豆、酷6等，无一例外。FLV已经成为当前视频文件的主流格式。

FLV是随着FlashMX的推出发展而来的视频格式，目前被众多新一代视频分享网站所采用，是目前增长最快、最为广泛的视频传播格式。FLV格式不仅可以轻松地导入Flash中，速度极快，并且能起到保护版权的作用，可以不通过本地的微软或者Real播放器播放视频。

实践题

根据本章学习知识，进一步完善第二章实践题选择的网页创意设计课题，创意设计页面内容，确定网页风格，确立网页构成、色彩、文字、图形图像等的样式，完成首页、二级页面、三级页面的创意设计。

第四章 网页交互形式与主要交互元素设计

4.1 交互形式的设计

作为一门关注交互体验的新学科，交互设计产生于20世纪80年代，由比尔·莫格里奇于1984年在一次设计会议上提出。从用户角度来说，交互设计是一种有效而让人愉悦的技术，它致力于了解目标用户及其期望，了解用户在同产品交互时彼此的行为，了解“人”本身的心理和行为特点，同时还包括了解各种有效的交互方式，并对它们进行增强和扩充。通过对产品的界面和行为进行交互设计，让产品和它的使用者之间建立一种有机的关系，从而可以有效达到使用者的目标，这就是交互设计的目的。

当今网页交互设计更多体现的是使用户更好地、更容易地操作网页，或者说强调可用性和易用性。网络所面对的不仅是专业的计算机人员，还包括各种类型的人群，为了使他们能够适应网页界面，并与之产生互动，网页设计的基本原则就是如何让网络资源和相应浏览者完美地进行交流。

4.1.1 交互的类型

（1）按钮式

按钮式交互是我们在网页中最常见的一种交互方式，它也是最直接的、最形象的交互类型。按钮是网页形象的重要组成部分，其设计与编排遵循利于实现信息交互、传播的目标（图4–1–1）。

（2）下拉菜单式

下拉菜单式交互是近十年、特别是Flash网页出现后在网页中应用的一种交互方式，它可以在一个网页中安排大量的交互项，又不影响网页的视觉效果，但不直接面对用户，隐藏于某一个标题按钮中，交互的直接性效果不好（图4–1–2）。

（3）文本式

文本式是网页最初的交互形式，也是最直接的交互方式，世界上第一张网页就是采用文本式交互。随着网页的发展，直接的文本式交互主要用在诸如新闻、公告等标题类交互（图4–1–3）。另一种表现为按钮式的文本交互正在被广泛采用，特别是这两年的扁平式网页设计流行，更是为这种交互方式应用提供了肥沃的土壤。

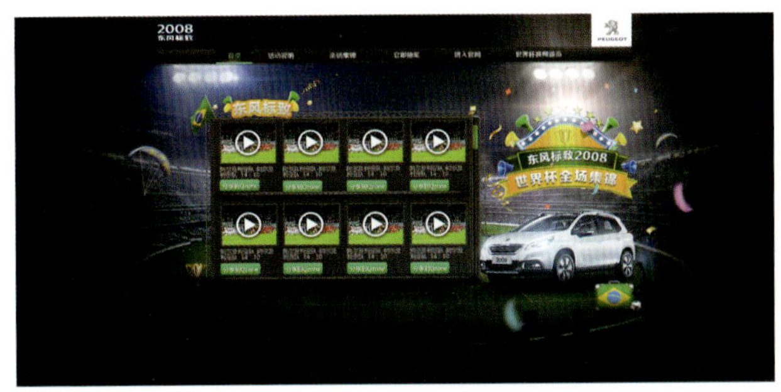

图4–1–1　网页按钮应用

图4–1–2　导航栏的下拉菜单

图4-1-3 新闻标题文本交互

（4）图像热点式

通常一般一张图像只能链接一个文件路径。如果在该图像的不同区域建立不同的链接，这个时候就会应用到图像热点交互了。比如，图像热点链接可以用在地图对区域的交互介绍、人体图对肢体的交互介绍以及在制作的一张整图中进行各部分交互的导航等（图4-1-4）。

（5）锚记交互式

锚记交互是网页制作中超交互的一种，又叫命名锚记。命名锚记像一个迅速定位器一样，是一种页面内的交互，运用相当普遍。锚记交互能够精确地控制访问者在其中单击交互之后到达的位置。没有命名锚记的交互将把访问者带到目标网页的顶端。当页面中的文章很长时，仅靠上下移动滚动条寻找需要的部分比较麻烦，这时可以创建页面内的交互，以便迅速找到需要的资料（图4-1-5）。

图4-1-4 图像热点式交互

（6）空交互式

空交互式是未指派的交互式。空交互式用于向页面上的对象或文本附加行为。例如，可向空交互式附加一个行为，以便在指针滑过该交互式时会交换图像或显示绝对定位的元素（AP 元素）（图4-1-6）。

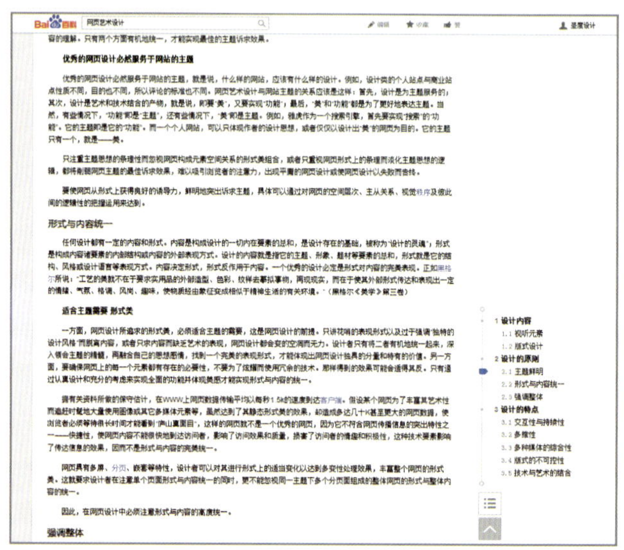
图4-1-5 百度百科的锚记交互

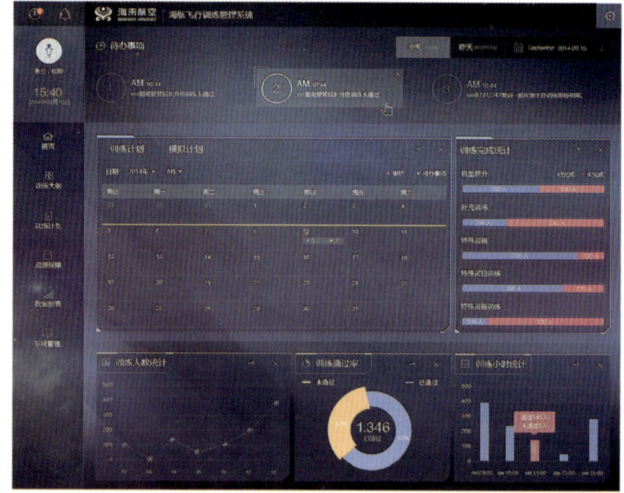
图4-1-6 网页日历事件空交互

（7）框架交互式

框架常用在需要导航的网页结构中，比如一个窗口分为两个框架页（导航框架页与内容框架页），通过点击导航框架页的交互，可以显示不同的内容框架页。在框架页中可以实现交互（图4-1-7）。此功能需要使用链接a的target属性，与链接的name属性。

图4-1-7　网页框架交互

4.1.2 交互与网页的协调

从第一个网页出现以来，交互就成为其特征。随着计算机和网络技术的发展，人们能更加便捷、灵活地按照不同的主题、风格来创意新颖、独特、充满艺术气息的网页视觉形象。设计师在设计页面时，应该建立更多的视觉层次，引导用户的视觉焦点，把用户的注意力吸引到最重要的元素上，然后才把视线引导到其他次要的信息上。这样便于用户迅速、快捷地找到自己所需，更好地完成信息搜索、阅读、浏览任务等。

（1）能简不繁

交互设计主要体现指示、易用、美观性。在设计中，不必要做得太复杂，这一点主要体现在按钮式交互。交互的设计，以能明确交互信息为主要任务，也就是要让浏览者及时有效地找到交互区域并能快速地获取指令信息，去繁存简，设计出符合网页整体形象的交互部件（图4-1-8）。

（2）能少勿多

设计网页交互就像设计电视遥控器按钮一样，不会把电视每一个命令都做在遥控器上。网页除了交互，主要的使命是信息传播，如果我们设计很多或者

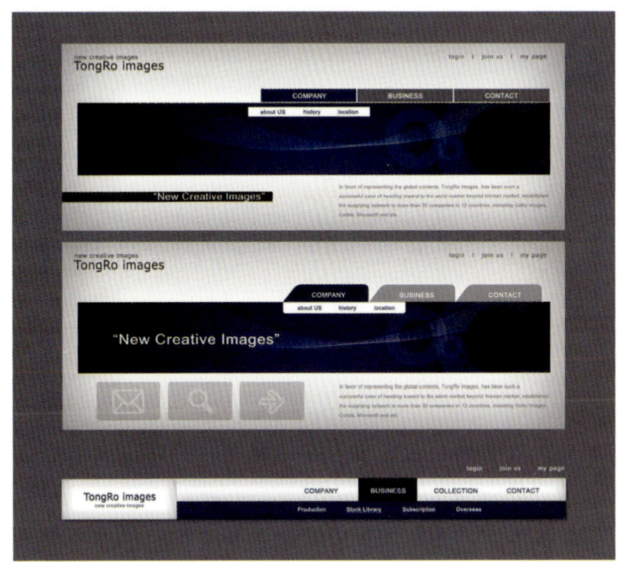

图4-1-8　简洁整体性交互部件

图4-1-9　少而美的交互部件设计

很大面积的交互区域在网页上，就会让网页凌乱，影响信息的传播。在设计中，我们在一个页面中尽量只保留必需的、主要的交互，使网页更易用和美观（图4-1-9）。

（3）能显勿藏

初学网页设计的人员在设计网页时，总是认为按钮等交互部件是多余的，不知道往哪放，并常常想着把它隐藏起来，或设计得很小或藏于图片中，也不做体现交互的提示。这样页面视觉上似乎完美了，但是给浏览者带来极大的困难。网页的交互是生命，没有交互网页就没有了意义。在设计网页时一定要处理好交互的“显”，同时又能与整体协调（图4-1-10）。

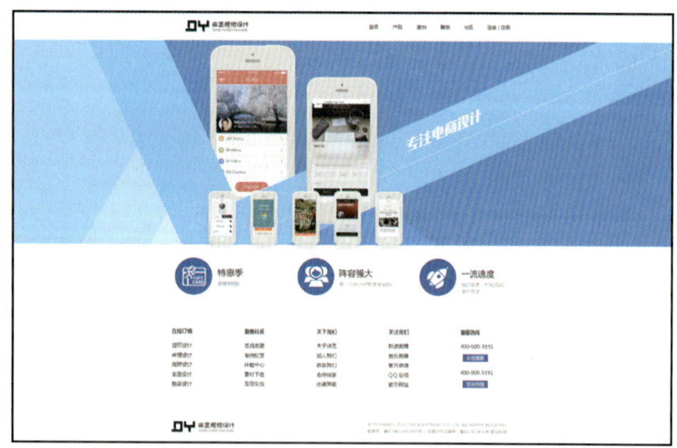

图4-1-10　突出主要的交互设计

4.2 按钮的设计

按针按钮代表着“做某件事”，即点击了某个按钮代表着操作了一项功能，如163、QQ邮箱等。信息搜索、回复、注册的共同点都是在“做”一件事，并且绝大多数都是对表单的提交。从技术层面上讲，这类按钮的作用是向后台提供了数据，“命令”服务器去做某件事。

按钮在形式上还有一个功能，就是链接功能，即提供一个要被强化、引导用户点击的地方。有一个外框（这个框可以是任何几何形体，如方、圆、椭圆等），在上面有一些文字（如下载、注册、充值、搜索、登录，抽奖等），满足了这两个基本条件的，就认为是按钮，按钮的本质特点就是可以点击后实现交互（图4-2-1）。

当前在页面里要强调的链接一般都以按钮的形式表现，应该具有“吸引眼球”的效果，以达到抓住浏览者视线的目的。对于一个需要起到“吸引”作用的按钮，在进行网页设计时，建议从下面几个方面来思考。

4.2.1 按钮本身的颜色

按钮本身的颜色应该区别于它周边的环境色，要具有较高的辨识度。因此，按钮一般采用更亮且有高对比度的颜色。

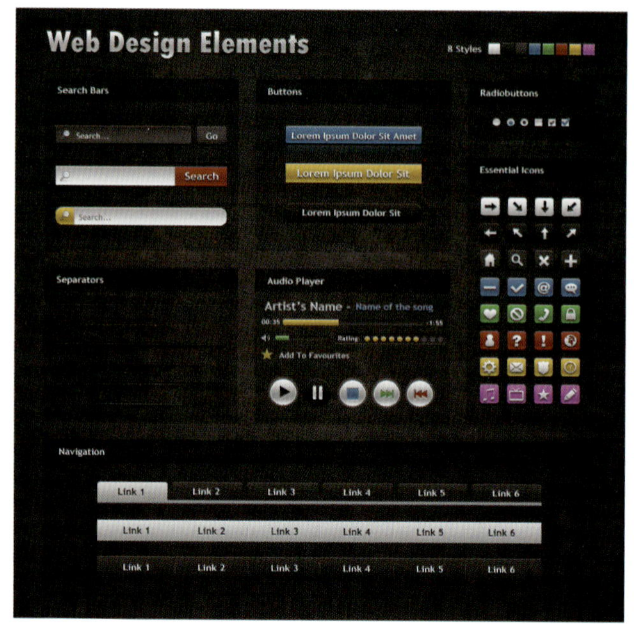

图4-2-1　不同功能类型的按钮设计

4.2.2 按钮的位置

按钮的位置也需要仔细考究，基本原则是浏览者能快速、方便地找到，特别重要的按钮应该处在画面的第一视觉位置（图4-2-2）。

4.2.3 按钮的尺寸

通常来讲，一个页面当中按钮的大小也决定了其本身的重要级别，但也不是越大越好，尺寸应该适中

图4-2-2　按钮的位置表现

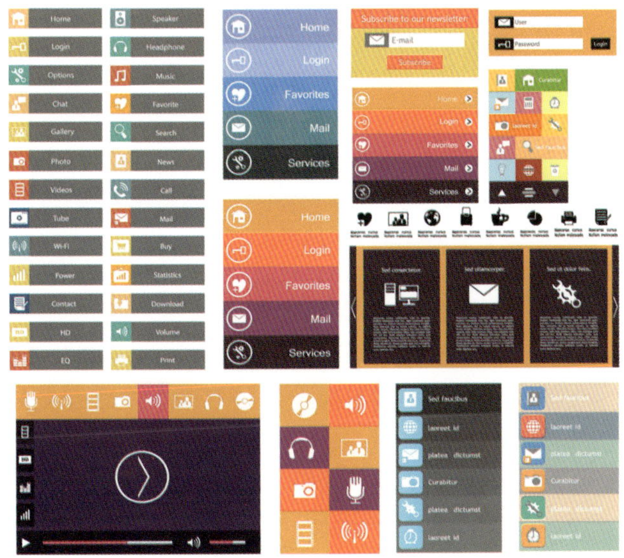

图4-2-3 不同尺寸的功能类型按钮

（图4-2-3），因为按钮大到一定程度，会让人觉得那不像按钮，潜意识地认为那是一块区域，导致没有点击欲望。

4.2.4 按钮上的文字

在按钮上的文字如何表述，以传递信息给用户非常重要。语言组织需要言简意赅，直接明了，如“注册”“下载”“创建”“免费试玩”等，甚至有时候用“点击进入”。总而言之，按钮上的文字越简单、越直接越好（图4-2-4）。

图4-2-4 按钮上的文字

图4-2-5 各种按钮效果示例

4.2.5 按钮的效果

按钮不能和网页中的其他元素挤在一起，它需要充足的外边距才能更加突出，也需要更多的内边距才能让文字更容易阅读。较为重要的按钮适当加一些鼠标滑过的效果，会有力地增强按钮的点击感，给用户带来良好的体验，起到画龙点睛的作用。这里要注意的是，按钮集中的地方，不适合每个都增加高亮的鼠标滑过的效果，这样会造成视觉过于杂乱，影响用户浏览的舒适度，所以要强调的是“恰当”地添加鼠标滑过的效果。

我们平常的设计当中有很多重要级别不那么高的按钮，需要“低调”处理。也就是说在一个页面当中，众多的按钮是有功能优先级别的，这样就务必让一堆按钮也呈现出视觉的优先级别。

值得注意的是，按钮群除了按大小、位置区分了优先级之外，很重要的一点是色块的区分，高饱和色块的按钮群是不建议存在的。高饱和色调的应用往往是为了突出重点，而非强调整体，所以这种局面的处理方式建议用众多的低饱和色调来衬托小部分高饱和的重点信息（图4–2–5）。

4.3 页面导航布局设计

网页版式与其他视觉传达媒体所不同的重要一条，就是它必须具备清晰的导航性。对于浏览者来说，导航是网站内容的目录。导航系统作为网站信息储备的核心构架，展示了网站的规模、储备方式和查阅方式等基础设施。网页导航应该帮助浏览者理解他们在哪里和去哪里，即让浏览者时刻清楚自己所处的位置，并能轻松进入其他页面或返回页面。网页导航的功能是帮助人们迅速、有效地到达目的地，在设计导航系统和用户界面时，重要的事情是了解访问者的需求而设置导航系统，帮助他们找到正在寻找的信息（图4–3–1）。

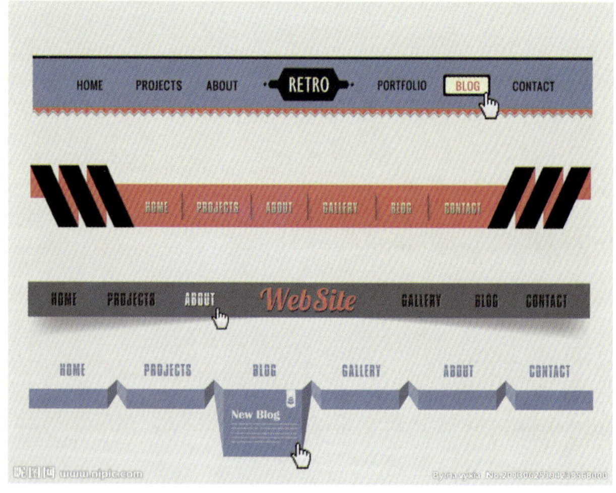

图4–3–1 网页的导航

4.3.1 网页导航分类

一个网站可以运用多种导航，如主栏目导航、二级栏目导航、快速导航和相关链接等。

（1）主栏目导航

在主页面上，全局导航是所有网页都具有的导航选项，一般是网页内容的分类，提供给访问者必要的选项。

（2）二级栏目导航

当浏览者正在浏览网站的一个特殊区域时，第二级导航就显示出这一级反映的特定内容。次级栏目导航是对主栏目相关栏目的细分，例如公司简介主栏目下有公司历史、公司荣誉、公司大事记、公司CEO等。当选择一个主栏目时，相关的次级栏目会显示出来或者打开对应页面时显示出来（图4–3–2）。

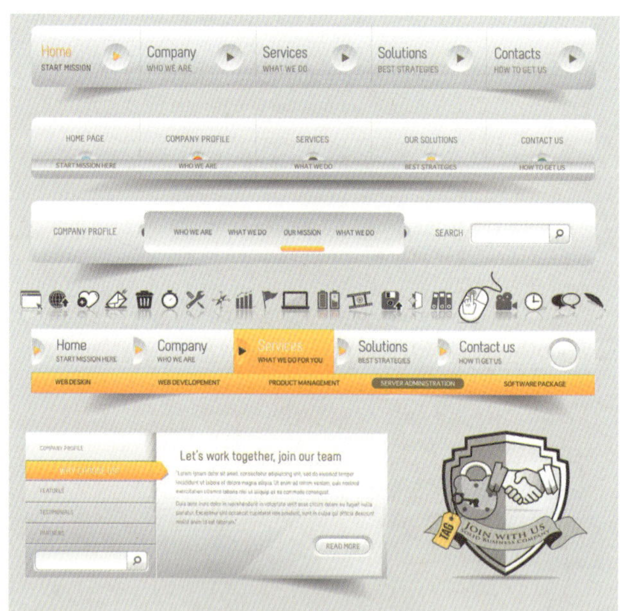

图4–3–2 主栏与二级导航设计

（3）快速导航

快速导航是现在韩国的一些网站中比较流行的方式，一般出现在网页的右侧，并且采用浮动方式伴随于每一个网页，不会因为页面的滚动而找不到导航，能够提供随时可用的链接（图4–3–3）。

图4-3-3　网页快速导航设计

（4）相关链接导航

相关链接一般出现在网页的下部，用于提供相关栏目的信息，一般以图块的方式出现（图4-3-4）。

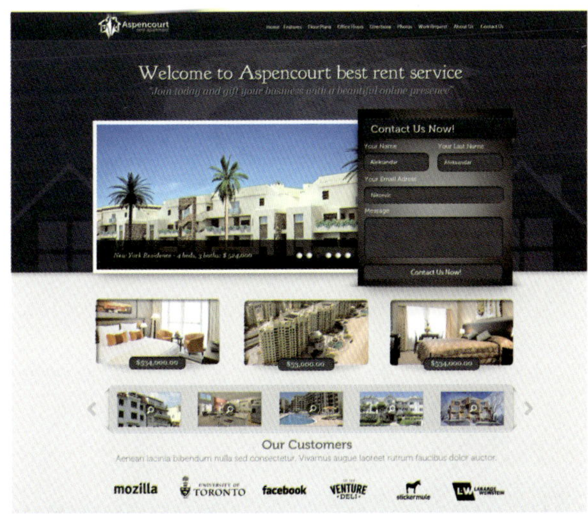

图4-3-4　相关链接导航设计

4.3.2 导航的位置

为了分辨不同的导航，可以把导航信息以相同的形式固定在不同页面的相同位置，这些位置可以是页面的上部、下部、左侧、右侧或中部，页面中间一般放置主体内容。一个Web页实际上有4个基本区域最适合放置导航元素，即网页的顶部、左侧、右侧和中部；放在下部需要将网页控制在一屏以内。

（1）顶部

一个典型的网页导航按钮设置在网页界面的顶部位置。这样的设计能使所有的导航元素迅速地显示出来。一般的阅读方向是从上到下、从左到右，这种导航按钮顺应了访问者阅读的习惯（图4-3-5）。

（2）左侧

在左侧创建一个导航栏，这种设置相对地缩小了显示内容的空间。这种导航界面与传统的软件界面

图4-3-5　顶部导航条设计

的菜单方式是一致的，顺应了访问者界面操作的习惯（图4-3-6）。

（3）右侧

为了满足内容优先，把导航元素放在右侧是合适的。浏览者在没有导航栏分散注意力的情况下，更容易专注于内容的阅读（图4-3-7）。

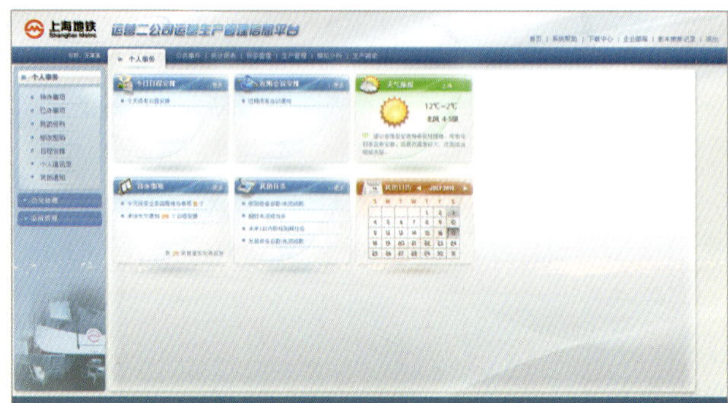

图4-3-6　左侧导航条设计

图4-3-7　右侧导航条设计

（4）中部

当进入一个网页的首页时，将导航按钮放在页面的中心位置便于浏览者进行选择，进入页类似于书籍的封面，帮助浏览者决定到哪里，这样设计使导航看起来十分突出（图4-3-8）。

（5）下部

为了突出展示的内容，将导航放在下部也是可以的，但要将网页严格控制在一屏以内，而不能在浏览时出现垂直的滚动条。如图4-3-9所示，为了突出产品的地位，将导航放在下部。

图4-3-8　中部导航条设计

图4-3-9　下部导航条设计

4.3.3 导航的方向

导航的方向是指导航文字的排列方式。有横排导航、竖排导航和倾斜导航三种情况，导航方向很大程度上影响了网页平面的空间分割与版式风格，运用恰当能起到事半功倍的效果。

（1）横排导航

横排导航占用页面空间最少，经常使用在信息量比较大的门户网站、资讯网站中，显得很大气。因此，不少企业网站也采用了横排导航，如图4-3-10所示，网站顶部的主导航形式简洁，广告区和信息区格局粗犷、色彩略重，风格上的差异恰好使画面张弛得体、易于阅读。

（2）竖排导航

竖排导航占用空间较多，通常位于页面的左侧，比较适合浏览者的视觉心理（图4-3-11）。竖排导航

图4-3-10 横排导航设计

图4-3-11 竖排导航设计

像传统的菜单，符合使用规律。

（3）倾斜导航

倾斜导航打破了网页由于表格排版造成的横向与竖向导航的格局，拥有很强的视觉冲击力（图4-3-12）。倾斜导航的设计具有鲜明的特征，当信息量大小合适，需要营造极富个性的网页风格时，可以考虑采用倾斜导航的方式。倾斜导航不适合信息量丰富的网页，但也不是所有信息小的情况都能采用倾斜导航。

图4-3-12 倾斜导航设计

实践题

根据本章学习知识，进一步完善前两章实践题选择的网页创意设计课题，创意设计页交互部件的设计，完成网站的交互、互动设计。

第五章 不同类型的网页创意设计

5.1 搜索引擎网页

搜索类的网站大家并不陌生，例如我国的百度、美国的ASK、日本东芝公司开发的Fresheye、俄罗斯的Yandex、澳大利亚的ANZWERS和韩国的A1taVista等。搜索网站大大提高了网页浏览的效率，也为我们寻找要访问的网站提供了许多方便，只要在搜索栏目输入相关的关键字便可以搜索到相关网站。可以说搜索引擎网站解决了快速找到指定网站的问题。搜索网站与人们上网息息相关，页面设计时要周全考虑浏览者的搜索体验（图5–1–1）。

图5–1–1　必应网首页

5.1.1 简洁清晰的界面

搜索网站必须界面简洁、一目了然。搜索网站的搜索类别划分清晰，例如百度搜索的类别有新闻、网页、贴吧、知道、MP3、图片、视频、地图等，这些类别都排放在搜索关键字输入文字框上方或者下方，输入关键字后，点击相应的搜索类别，就可以直达想要的相关信息（图5–1–2）。简洁的页面设计，突出了网站的功能和主题。

图5–1–2　搜狗搜索首页

5.1.2 布局合理、风格统一

点击搜索后，进到搜索所得到的词条信息页面，会有大量的关键字标题，标题要排列有序，整体的页面设计色彩要与主页面色彩风格一致，体现出网站的整体性和专业性（图5–1–3）。

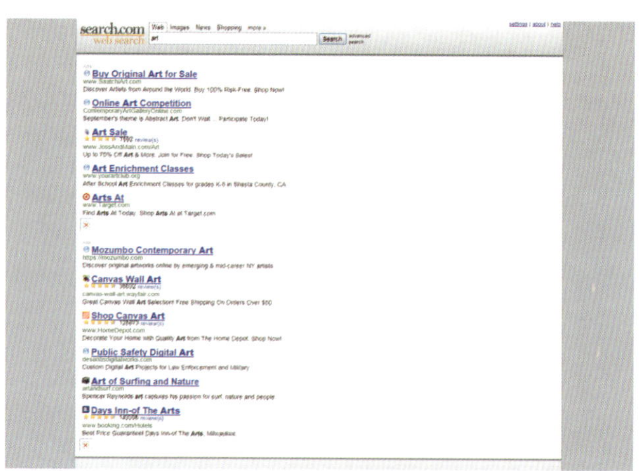

图5–1–3　search.com搜索内容页

5.2 博客网页

博客是Internet的重要一员，是建立在读者社区基础之上的。如同其他网站一样，博客网页也只有很短的时间来吸引用户的注意力（图5-2-1）。为了确保博文能够受到关注，设计博客时一定要考虑下面这些关键因素。

图5-2-1 博客主页

5.2.1 添加图片增强可读性

帖子的标题一定要简短醒目，这是增加内容浏览量的一个很好的技巧，但还有一个能成功抓住用户眼球的方法，是给每个帖子添加与帖子内容相关且生动有趣的图片或绘图。如图5-2-2所示，Inspired Mag为每个帖子创建了自定义绘图。

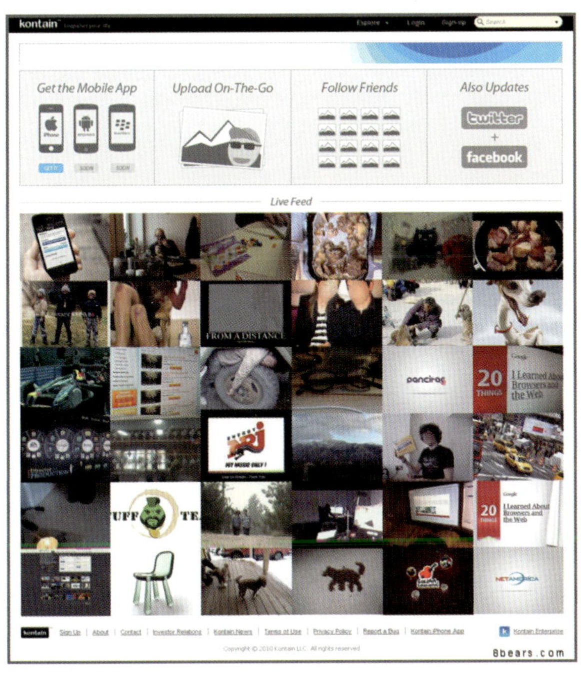

图5-2-2 Inspired Mag主页

5.2.2 突出特色文章

一条简单的分界线、字体颜色的变化，抑或是一个图形元素，都可以把用户的目光聚焦到页面中的特定区域。进行网页设计时，应当突出最新、最受欢迎的文章。 如图5-2-3所示，通过放大图片和调整布局来突显最新的文章。

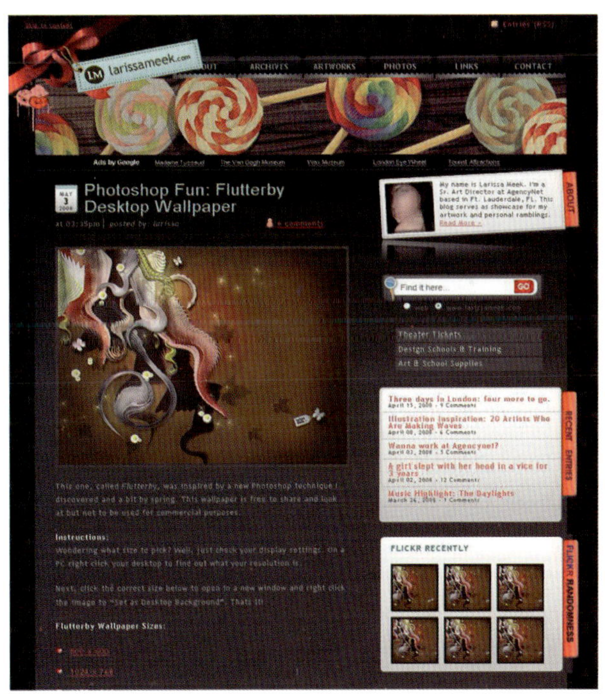

图5-2-3 特色布局博客

5.2.3 让发布更方便、快捷

不管是设计什么类型的博客，其最终目标是一致的。一个充满活力的博客站点需要用户的订阅、评论和分享，以明显而传统的布局方式来安排图形和链接，让用户使用起来更方便。

5.3 个人网页

个人网页与作品集网页和更加商业化的网页是有区别的。个人网页能够增进对某个人的了解，个性化强，具有吸引亲友的关注、保持联系并及时了解其最新动态的作用（图5-3-1）。

图5-3-1 个人网站主页

5.3.1 体现个性

突出个性、表达自我是个人网页设计的一种普遍风格，因为每个人从事的行业、宗教信仰、教育背景、民族等各有不同，对各种事物的看法也当然不同，因此个体的差异对审美情趣也就不同，从而才产生了不同个性的网页设计风格（图5-3-2）；另外一种形式则是求同存异，即使是同一个行业的个人网页，但是为了彰显自己的个性，还是要寻找出与众不同的地方，显得网页更加自我和唯一（图5-3-3）。

图5-3-2 个性化表现个人网页1

图5-3-3 个性化表现个人网页2

5.3.2 设计风格多样

在追求个性的同时，也会由此产生许多新的设计风格。个人网页设计不像其他商业网站那样具有浓厚的商业气息，同时一般也建议去除浓厚的商业气息，可以给浏览者更加自我和更加真实的感受，在设计风格上追求个性化。在风格定位和设计上，可以更多地从自身的喜好出发，这样反而容易取得认可，也能更好地体现多样化和差异化（图5-3-4）。

图5-3-4 风格化网页设计

5.3.3 页面和谐共存

个人网页虽然要表现出个性设计，但也不能过分追求个性。网站是由很多个页面组成的，要保持页面设计的整体性，使网站看起来更加统一，风格的传达更加稳定一致（图5-3-5、图5-3-6）。

图5-3-5　统一风格页面设计1

图5-3-6　统一风格页面设计2

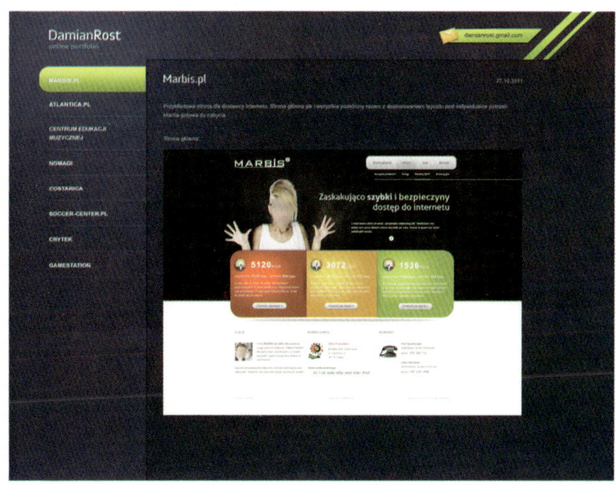

图5-4-1　企业网页

图5-4-2　绿色版面的能源企业网页

5.4 企业网页

在网络空间中，公司网站占大多数，我们也总是可以在这里发现创新趋势。有一种趋势似乎相当明显，即公司网页正朝着更简洁明了的方向发展。当然，也存在一些内容丰富、形式多样的公司网站，但大多数网站都在做出转变，侧重于提高易用性，实现清晰准确的沟通（图5-4-1）。

5.4.1 从企业性质出发

准确定位无论对于哪种类型的网页都是至关重要的。在进行设计网页之前，设计师首先要了解的就是网站的性质是属于哪一种类型，网站的定位是什么。在确定网站的性质之后，才能着手进行网页的总体设计。

企业网页主要是推广、宣传作用，因此，该类型网页有一个重要的特点，就是要吸引用户留在页面中，持续浏览网页。也就是用户定位，即网页是做给谁看的，受众的群体是哪些，受众群体对网页的期望和需要是什么。这些都必须弄清楚，掌握相关的信息才能开始进行设计。页面设计要做到个性鲜明，突出站点的主题，主要体现在网页的色彩、布局、内容、图片等方面，让浏览者通过网站的“外貌”便可以判断网站的性质，增强站点的视觉语言传达能力（图5-4-2、图5-4-3）。

图5-4-3　自然元素表现的园艺网页

图5-4-4　蓝色百事可乐网页

图5-4-5　农业银行网站

5. 4. 2 塑造网页视觉形象

企业网站是企业视觉形象的组成部分，网页的创意设计要遵循企业VI形象。通过企业形象配色的网页，浏览者能瞬间通过色彩的记忆便可以大概判断企业的名称、行业性质等。如可口可乐网页用红色为主要配色，百事可乐网页以蓝色为主要配色（图5-4-4），这都是将企业形象色作为网页设计的视觉色。这些能很好地让浏览者产生色彩记忆的联想，达到了进一步巩固品牌形象的目的（图5-4-5）。

5. 4. 3 布局合理、视觉统一

保持网页的风格高度统一，不仅色彩搭配、版式设计、主次关系处理上要保持一致，突出网页的整体感，首页、子栏目页、其他栏目页等也要保持风格一致，切勿出现前后不协调的风格。布局上，要区分主次关系，根据人们的浏览习惯进行规律性的把握，从而保证浏览者的愉悦体验。通过对色彩、版块、主次关系与网页主题的合理布局，达到网页主题的协调统一（图5-4-6、图5-4-7）。

图5-4-6　苹果网iPhone产品页

图5-4-7　苹果网iTunes产品页

5.5 文化艺术网页

文化艺术类的网站一般常见的有艺术馆、博物馆、文化馆、歌剧院、设计公司等。文化艺术类有关的色调一般都比较神秘、自由、个性，如经常被设计公司和广告公司运用的黑色、灰色、红色等，这些色调都可以在心理感受上反映出与文化艺术类网页形象塑造相同的一般共性，更容易获得浏览者的认可。因此，文化艺术类的网页创意设计在理念上应该遵循突出个性、彰显创意、力求变化的设计原则，在页面版式上要突破传统、构图巧妙、色彩搭配大胆。总之，要设计好任何类型的网页，都需要认真用心地去思考，不断地完善，事实上设计的过程本身就是一个不断发现、不断完善的过程（图5-5-1）。

图5-5-1　上海美术馆网站首页

5.5.1 格调高雅

高雅的格调是艺术类网站常见的一种设计风格，这也是从艺术本身的特性出发的。高雅的格调，不仅在布局上显得高雅，在色调的搭配、网站构成的元素，哪怕是一张图片、一个按钮、字体、文字编排等，从头到尾都要显示出高雅的格调。高雅的格调也是网站创意设计中备受喜爱的一种艺术表现形式（图5-5-2、图5-5-3）。

图5-5-2　文化气息浓厚的网页设计

图5-5-3　中国美术馆网站首页

5.5.2 强调艺术性

既然是文化艺术类的网站，过于呆板、形式化会显得没有新意，体现不出文化艺术类网站的特质。特别是创意产业方面的企业或公司，应该在这方面多下功夫，使设计出来的页面能给客户或浏览者耳目一新的感觉，真正和公司的行业性质即创意产业紧密联系起来，处处渗透着浓厚的艺术气息（图5–5–4、图5–5–5）。

图5–5–4　艺术创意网页1

图5–5–5　艺术创意网页2

5.5.3 版式风格创新

文化艺术类网站的形式和布局应该有所突破，走出传统布局的束缚，寻求一种更具有新意的布局方式。一成不变的网站页面显得没有创意，也会给浏览者一种心理期待上的落差感。文化艺术类的网站如果是平平淡淡的页面，则很难引起浏览者共鸣。如图5–5–6、图5–5–7所示，突破传统格局的设计，体现了高雅格调的文化网站主题。

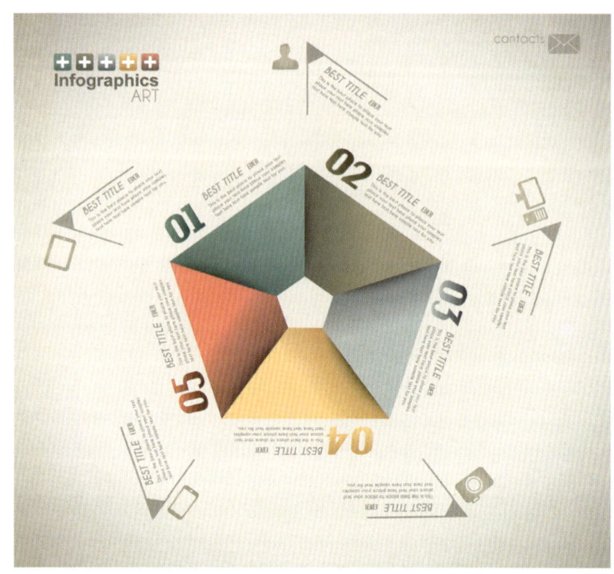

图5–5–6　创新版式设计1

图5–5–7　创新版式设计2

5.5.4 用色大胆

色调不管在哪种类型的网页设计中，都显得非常重要，其具有的象征性会给人不同的感受。设计文化艺术类的网站时，在色调的运用上也要进行尝试，大胆搭配，不拘泥于传统，也可以制作出具有很强的视觉冲击力，让色彩搭配变成一种主要表现的网站。一般常见的色调搭配方式有黑灰白、红黑、黄黑或采用明度较低的色调搭配等，这些色调都可以使人与艺术类的网站联系起来。如图5-5-8、图5-5-9所示，通过对色彩的大胆运用和合理搭配，使页面具有很强的视觉冲击力。

图5-5-8 强对比色彩网页

图5-5-9 暗调网页

5.6 电子商务网页

电子商务是指在互联网、企业内部网和增值网上以电子交易方式进行交易活动和相关服务活动，是传统商业活动各环节的电子化、网络化。电子商务包括电子货币交换、供应链管理、电子交易市场、网络营销、在线事务处理、电子数据交换、存货管理和自动数据收集系统。电子商务信息技术包括互联网、外联网、电子邮件、数据库、电子目录和移动电话等，买卖双方不谋面地进行各种商贸活动，实现消费者的网上购物、商户之间的网上交易和在线电子支付以及各种商务活动、交易活动、金融活动和相关的综合服务活动的一种新型的商业运营模式。不同种类的电子商务网站在进行网页创意设计时，其设计风格、颜色搭配、版式设计等都是不一样的。电子商务的主要目的是网上销售，在设计时，应围绕产品的展示来展开（图5-6-1、图5-6-2）。

5.6.1 行业特性

与其他类型的网站相比，电子商务网站更加追求原始数字信息。这种形式的商务很独特，它可以计

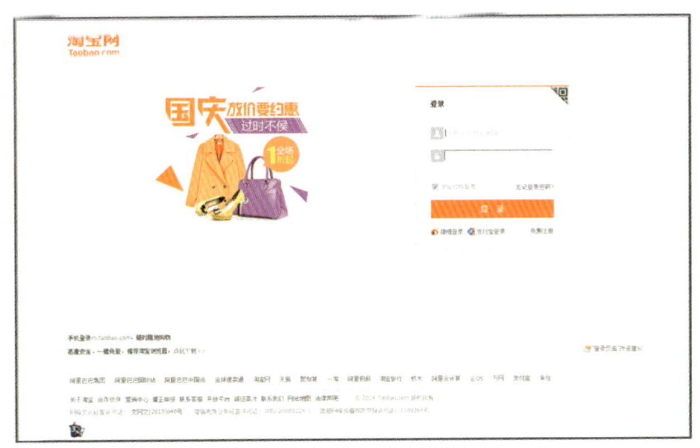

图5-6-1 淘宝网登录页面

图5-6-2 淘宝网

算出确切的数字结果。假如要追踪实体商店的每位访客并记录其浏览过的商品信息，需要投入巨大的人力物力，但网上商店就不同了，它可以轻松地生成记录文件，反映有关用户行为的海量信息。改变一个按钮的颜色，就能算出这给成交量带来了多大的变化。因此，对于电子商务网站来说，漂亮的设计（只考虑设计本身）远不及实用的数据结果有吸引力。“凌乱”也许是大多数电子商务网站的最大特征，极简化几乎不存在，这类网站需要实现太多的功能，极简主义通常不是考虑的因素（图5-6-3、图5-6-4）。

5.6.2 版式设计与色彩相协调

网站的页面创意设计版式与色彩搭配要合理、协调。综合类型的电子商务网站商品种类丰富，由于商品本身的颜色不同，致使展示商品时会出现各种各样的颜色，这是无法避免的问题。因此就要从网站的页面版式设计与网站主题色彩相协调来处理这个问题，可采用如下几种方法。

① 导航清晰，分类清楚，产品归类摆放。

② 页面设计中主要商品、次要商品要摆放得当、合理，一目了然。

③ 设置网站的搜索功能，提高浏览者搜索查找的速度。

④ 整体风格一致，色彩搭配要恰到好处。一般而言，可以选择灰色、白色或者明度较低的色相来衬托产品。如图5-6-5、图5-6-6所示，通过对不同产品的分类排列，以此构建网站版块布局，显得不多、不花、不乱。

图5-6-3　天猫网页面

图5-6-4　国美在线

图5-6-5 京东商城页面

图5-6-6 乐蜂网页面

5.6.3 安全可靠的设计风格

在电子商务中，安全性是一个至关重要的核心问题，它要求网络能提供一种端到端的安全解决方案，如加密机制、签名机制、安全管理、存取控制、防火墙、防病毒保护等，这与传统的商务活动有着很大不同。在网上，商品可以看得到却摸不着，这时候诚信交易就显得尤为重要。如何营造出一种安全可靠、诚信的交易氛围，对于网站而言是非常关键的。一般而言，设计出具有安全诚信的视觉感受的电子商务网站可以通过以下几种方法达到。

① 电子商务网站种类很多，但是不管是哪一种类型，网站的框架结构、商品信息、商品的摆放都应该一目了然、导航明确，给人一种非常正式的心理感

受，切不可出现乱、杂、繁的页面设计。

② 可以选择不同角度来展示商品，让消费者更加真实地了解产品，且图片质量要清晰，并标好商品的相关规则和相关的法律法规保障，增强购买者的信任感。

③ 整体色彩的搭配应以稳重为主，可选明度中度或较低的色相进行搭配，显得更加稳重，安全可靠。切勿采用明度太高的色相。

④ 注意版式的结构和信息传达的层次，页面不要出现太多的宣传广告。如图5-6-7、图5-6-8所示，色彩运用较少、导航明确、较少的广告，使浏览者感觉网站比较可信，增强购买信心，这样才能吸引更多访问者，赢得商机。

5.7 教育网页

互联网的快速发展和普及，人们每天通过网络获取各种各样的信息和知识已越来越成为人们的一种学习习惯。随着教育事业的蓬勃发展，为加强教师与学生的沟通、学校与社会的联系，及时发布学校的相关信息和工作动态，正面宣传学校的办学理

图5-6-7　聚美优品页面

图5-6-8　一号店页面

念、校风校貌和增进彼此的了解，各个教育机构特别是各大高校纷纷建起了自己的官方网站，从而树立了学校的良好形象，增强了学校与社会的互动性，也让更多的人可以通过网站获取所需的信息。教育类的网站种类很多，如学校网站、培训学校、成人教育、远程视频网站等；覆盖的范围也非常广泛，几乎各行各业都需要教育。下面就以学校为例分析如何构建学校门户类网站。

5.7.1 突出教育性质

教育网站是专门提供教学、招生、学校宣传、教材共享的网站。内容基本上要围绕与学校有关的栏目内容展开。由于教育系统信息化平台的发展应用，根据教育部的“十二五”规划，众多教育网站将融入整体的教育云平台当中，以学校教育社区为现有的教育网、校园网升级，为无网站的学校提供新一代教育网、校园网、班级网，必然成为其升级和新建的最佳选择。

为了突出教育类网站的性质，网站的首页设计时要设置一般典型的栏目，如本校概况、教学科研、院系设置、招生就业、图书馆等，这些都属于常见的学校教育类网站的栏目设置。由于各类学校的性质不同，如基础学校类、理工类、文科类、艺术类院校，在设计时要用版式、配色等手段体现其独特性，同时也要更加突出教育的性质。网页色彩搭配要简洁淡雅，避免杂乱的颜色搭配，否则给浏览者不正式和不规范的感受，网页布局上要稳重大方，营造出学校严谨的学术氛围（图5-7-1）。

5.7.2 中庸的版式设计

教育给人神圣和肃然起敬的心理印象，着手进行学校教育类的网页创意设计时，可以考虑彰显出中庸的版式设计理念，追求简洁、朴素、淡雅、四平八稳的设计风格，避免太过繁杂的设计风格（图5-7-2）。版式设

图5-7-1 苏州大学网站界面

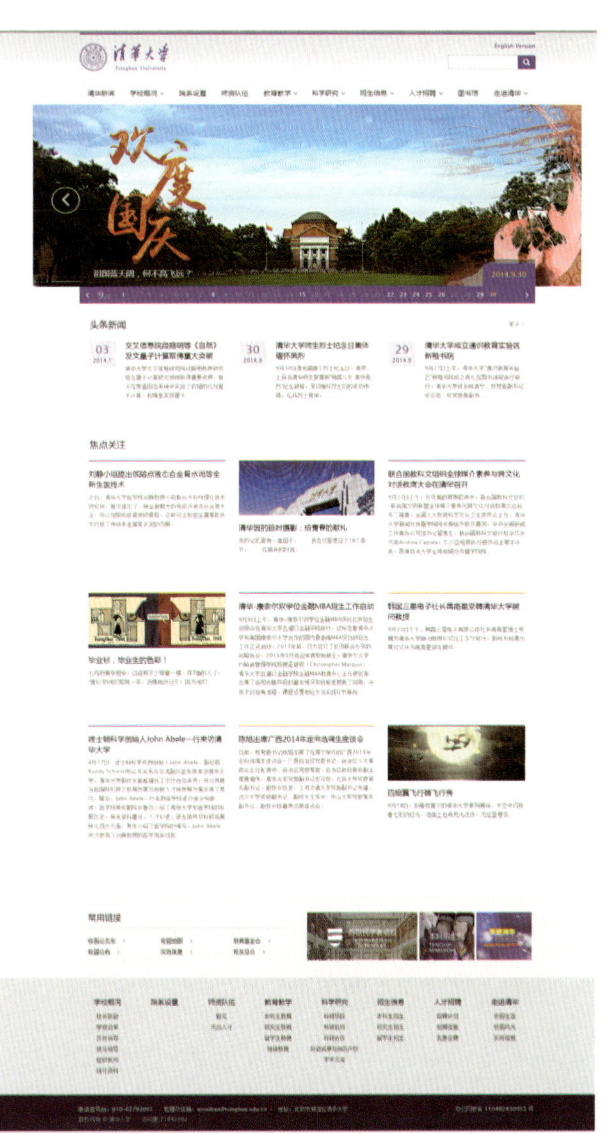

图5-7-2 清华大学网站界面

计上也不能过于死板，缺乏必要的活力，而要注重实用性和艺术性的结合（图5-7-3、图5-7-4）。教育类网站应吸收其他类型网站的创意设计，在网页设计中融入创意设计，使网页页面构成合理有趣、配色得当，能在页面设计上迎合浏览者、学生和教师的心理，给其带来愉悦的心理感受，真正地做到中庸的版式设计且又兼顾技术与艺术的完美结合（图5-7-5）。

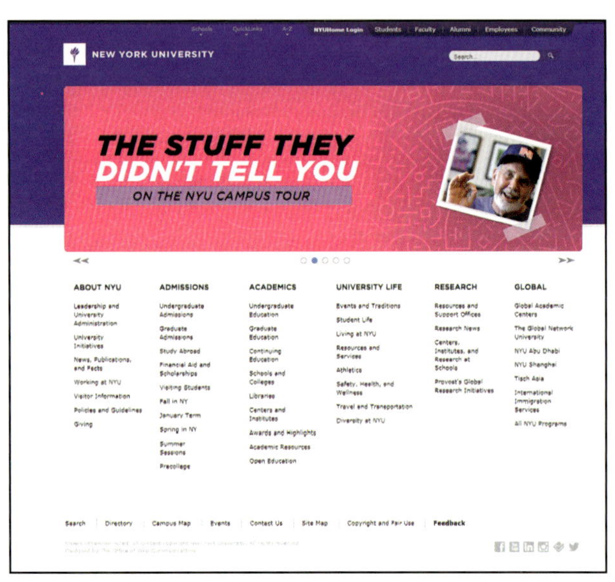

图5-7-3　纽约大学网站界面

图5-7-4　悉尼大学网站界面

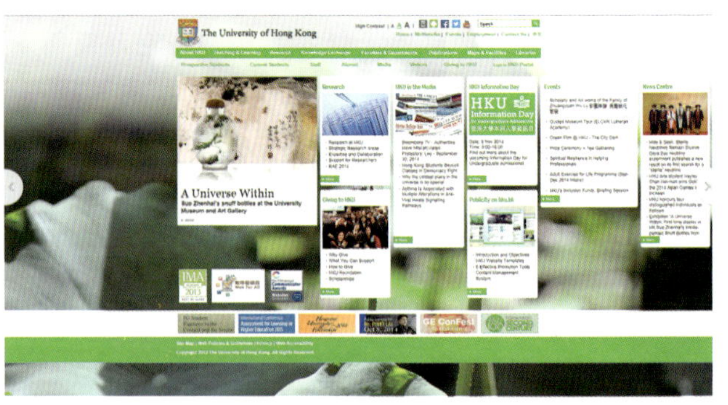

图5-7-5　香港大学网站界面

5.7.3 色彩简洁明晰

纵观国内外知名院校的网页，其色彩搭配均简洁朴实，清新素颜，这样的色彩运用办法也是网页创意设计发展的一种趋势。院校的办学方向不同，其性质会存在很大的差异，因此在设计教育类网站时应根据学校的属性和历史文化进行，如科技类的院校可以采用蓝色（图5-7-6），艺术类的院校可以采用灰黑色（图5-7-7），农业、医学类的院校可以采用绿色等进行搭配，等等，通过颜色来更好地表达学校的性质。

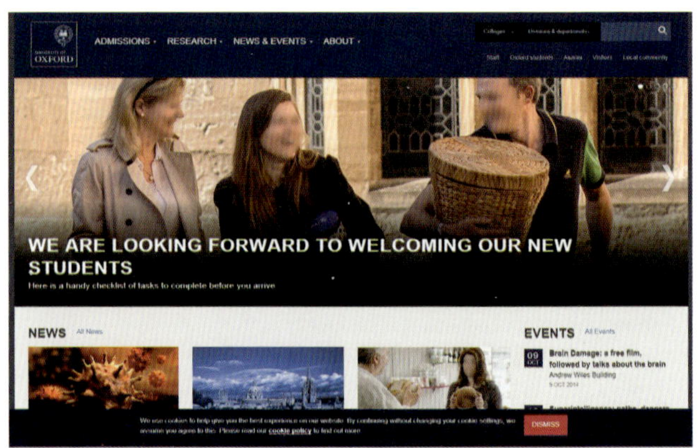

图5-7-6　牛津大学网站界面

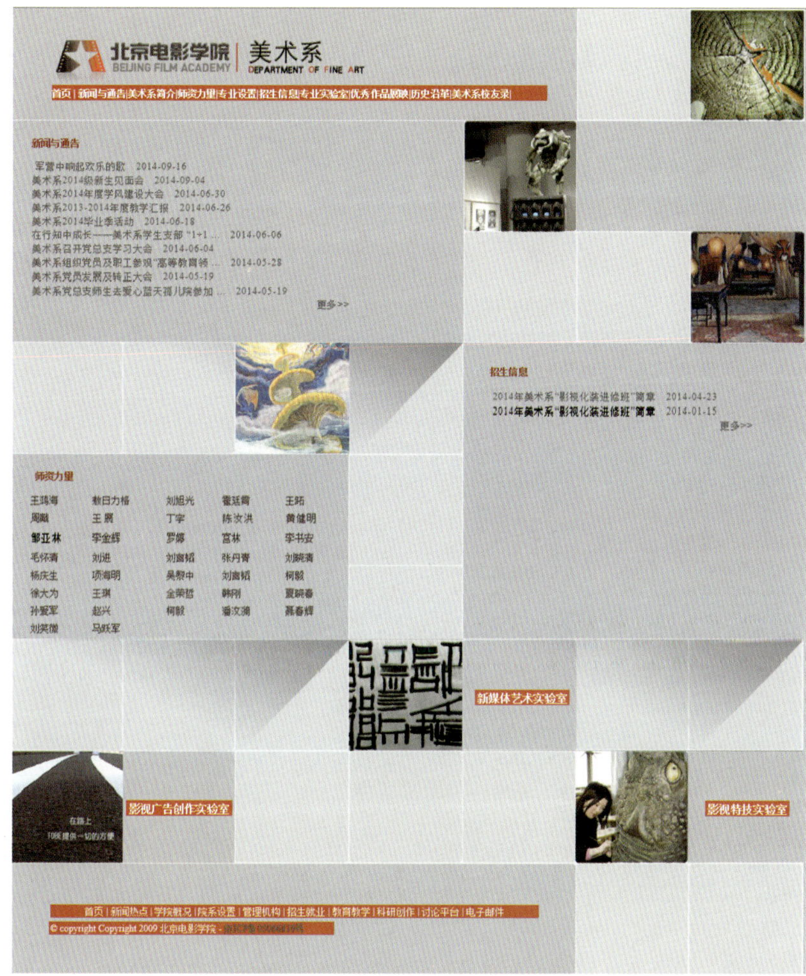

图5-7-7 北京电影学院美术系网站界面

实践题

根据本章学习知识，进一步完善前面章节实践题选择的网页创意设计课题。从网页创意设计角度出发，总结选题网站创意设计思维、方法等的报告。

第六章 网页创意设计实践案例

理论来源于实践，又服务于实践。要制作出具有优秀创意的网页设计作品，只有理论基础是不够的，还需要不断在实践过程中积累经验，对具体问题进行具体分析。本章将以编者团队创意设计上海亚新生活广场网页的过程为例，希望其在策划和设计能给读者以启发和指导（图6-0-1）。

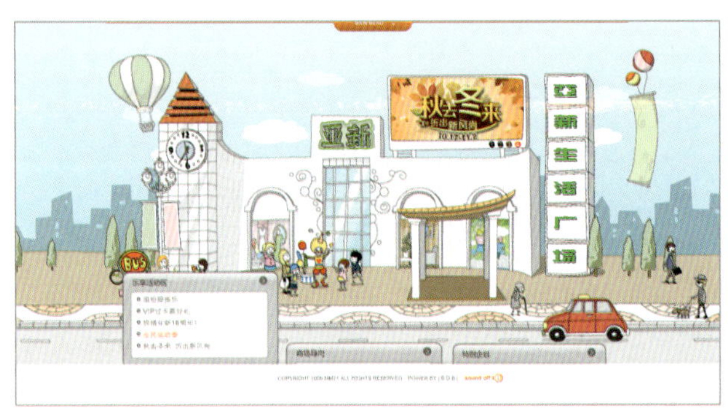

图6-0-1 亚新生活广场-index网站页面

6.1 亚新生活广场网站调研

6.1.1 建站目的

一个能成功吸引浏览者并最终带来经济效益的企业网站不仅需要优秀的设计，还需辅以优秀的制作。创意设计是网站的核心，也是感性思考与理性分析相结合的复杂过程，其方向取决于设计目的。因此，设计者在对网页设计的理解以及设计制作的水平上，还必须清楚地明白设计的目的所在。

亚新生活广场网站设计项目的最终目的是为了树立品牌形象并获取经济利润，但这是一个循序渐进的过程。因此，设计者在进行设计时从以下几个分项着手以便达到目的。

① 通过网站形象，快速树立亚新生活广场在中国目标群中的品牌形象。

② 在目标范围群引起共鸣和认可，并引起兴趣。

③ 有条理的网站策划和网页布局可以吸引潜在客户长期访问本站，维护客户关系。

④ 将品牌的客户服务拓展到网络上，使浏览更加便捷，能迅速找到想要的信息。

⑤ 增加销售渠道，建立网上商城，实现网站在线订购。

6.1.2 策划内容

（1）策划原则

网站按“宏观规划、精心策划、分步细化、逐步完善、营销宣传、创意设计、使用便捷、实用互动、分步实施”的原则进行宣传实施。

（2）网站设计风格

亚新生活广场网页设计的主要任务是突出企业形象，整体上对设计者的美工水平要求较高，具体情况还要具体分析。设计时，以品牌为基础，引导客户提高对产品的认知度、信任度，风格可以定位为奔放的、国际化的、大气的。

（3）结构、布局策划

① 结构清晰并且便于使用。如果浏览者难以看懂所设计的网页，便不能了解企业的相关情况。网页上文字、图像、视频等元素要以最适合的方式排放在页面的不同位置，从而突出企业的产品与服务，达到网站的目的。

② 导航系统完善。一个网站的导航功能是否完善，关系到浏览者是否愿意光顾。导航设计要结合具体模块的信息布局特点，采用合适的表现形式，做到有主次、有条理、有变化。也可以多种导航功能设置相结合，从而优化网站的导航系统。

（4）用户体验原则

根据不同地域顾客的浏览习惯、有效数据、人群审美、关键词、优化等因素，在美观的原则上，制作出符合国际万维网标准的网站。

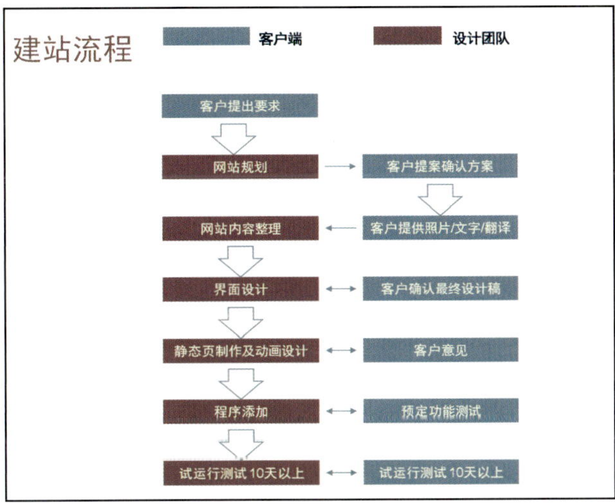

图6-1-1　建站流程

6.1.3 建站流程

在目标明确的基础上，完成网站的构思创意，对网站的整体风格和特色作出定位，规划网站的组织结构。如图6-1-1所示，按照一定的步骤、流程，使页面做到主题鲜明突出，按照客户的要求，以简单明确的语言和画面体现站点的主题，并利用一切手段充分表现网站的个性，体现网页的特点。

6.2 原有网站分析

6.2.1 原有网站可取之处

通过对原有网页进行观察与分析，不难发现原有的网站版式设计简洁、工整，导航也较准确，大画面Flash形象清晰，页面内容比较丰富（图6-2-1）。

图6-2-1　亚新生活广场原有网页首页

6.2.2 原有网站不足之处

原有网站页面的版式虽然简洁，但排版过于死板，导致视觉效果偏弱，品牌形象模糊。界面的导航系统主次不分，使浏览者难以找到重点，从用户体验的角度看，设计得不够人性化。网页的Flash形象展示图片在页面中的比重过大，影响了网页的打开速度，且在打开网页时往往只看到了这个形象页面，重点内容被弱化，影响浏览者浏览有效信息。浏览者没有较多的耐心去等待，在网页设计中应尽量避免使用过多的图片及体积过大的图片，确保普通浏览者页面等待时间较短为宜。另外，原有网站的快速通道不明显，浏览者很难找到自己最想找到的内容。

综上所述，我们在设计新的网页界面时，要结合在网站规划时的“国际化的、富有亲和力的、休闲舒适的”设计原则，将网站导航系统进行有重点、有层次的规划，使其更加人性化；对页面版式进行重新设计，突出产品与服务，符合其品牌形象的网站，使浏览更便捷并留下深刻印象；突出网站的快速通道，方便浏览者点击。

6.3 新网站的构架设计

6.3.1 同类网站比对

通过对同类站点的了解，发现其各有自己的特点来表现其风格（图6-3-1）。亚新生活广场的网页设计要在众多竞争品牌中树立与众不同的形象，就必须在形象设计、功能分布、组织架构上都作出较大突破和创新。

来福仕广场——流行、动感　　太平洋百货——简洁、中性

图6-3-1　同类站点的网页界面设计

6.3.2 网站构架

如图6-3-2、图6-3-3所示，分别为原有网站的架构和新设计的网站架构。设计者之所以对网站的架构做出调整，是因为原有站点构架相对比较简单，结合了同类品牌的网站构架的共性特征，同时根据Albemarle & Hunt网站的目的，量身制定符合了其品牌特点的网站架构。

如图6-3-3中，“关于亚新”借鉴其他网站做法，经过调整后作为第一栏目，让浏览者对亚新有新的品牌认知。原来“商场导购”中1F等仍划分在三级页面中。为了让整个网站架构更加合理，增加了“乐享活动区”“特别策划”等信息，使网站内容更加丰富，更方便浏览者对企业进行了解。

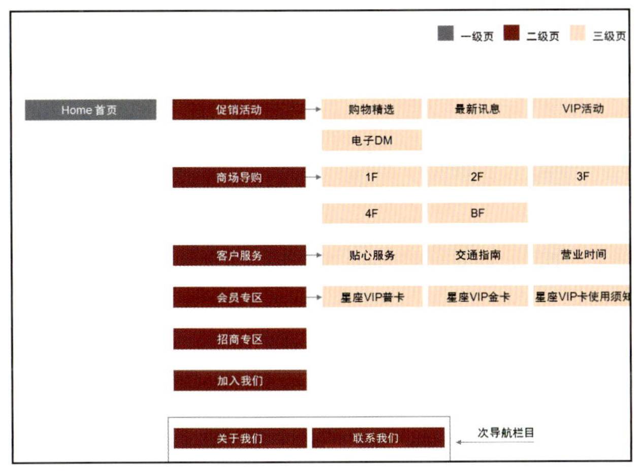

图6–3–2　原有网站架构

图6–3–3　新的网站架构设计

6.4 亚新生活广场的网页设计风格

6.4.1 设计风格分析

设计者在调研阶段，共调查了15个同类网站，得出了如图6–4–1所示的结论。

中性站点的网站版面中规中矩，网站结构及网页版式棱角分明，像是模板套用的手法，适合大多数的网站，但没有新意，难以给浏览者留下印象。

活力四射型站点的网页版式新颖，颜色丰富且跳跃性大，具有年轻活力的倾向。使用这一风格的网页设计与品牌的受众人群有直接关系。

在调查同类网站中，生活情趣风格的网页设计所

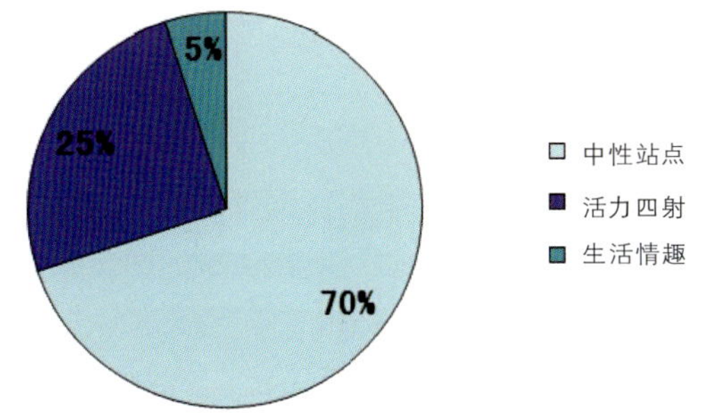

图6–4–1　同类网站页面的风格比例

占比例最小，可见不少网站的规划不运用此类方式来推广企业及品牌。但在国外相关站点中运用亲情牌手法的比重则比较多，且运用此类表现方式也能让浏览者对品牌更加亲切，富有亲和力。

6.4.2 设计风格定位

亚新是社区型购物休闲广场，网站形象需表现其定位，让年轻消费群体即网友能够对其有品牌产生认知并能接受，网站整体风格带给浏览者的感受应该是以休闲为主、具有生活情趣的。因此，在亚新生活广场网页设计时，设计者决定采用生活情趣风格的网页设计，从而潜移默化地影响浏览者去关注企业的信息（图6–4–2）。

页面设计中运用富有亲和力的小图标、背景图片、部分Flash等，从而丰富网站的视觉效果。量身订制Flash引导页，让网页活动起来，且保证页面效果流畅，访问速度快。抓住浏览者的第一印象，除了认知，更重要的是让浏览者有兴趣继续点击。网站加入更多与浏览者互动的环节，增加网站趣味性，使网站不仅仅是网站的新潮流趋势。

6.4.3 风格色彩的选定

通过前面章节的学习，我们知道色彩是网页设计的要素之一。在网页设计中，设计师应根据和谐、均衡和重点突出的原则，将不同的色彩进行组合，搭配来构成美丽的页面。本案例中，选定的风格为生活情趣类的，色彩不应太过浓烈，以免影响网页的视觉效果。根据色彩对人们心理的影响，背景色选用蓝色和白色混合搭配，表现出淡雅、浪漫的气氛，页面在视觉上形成一个整体，以达到和谐、悦目的视觉效果。

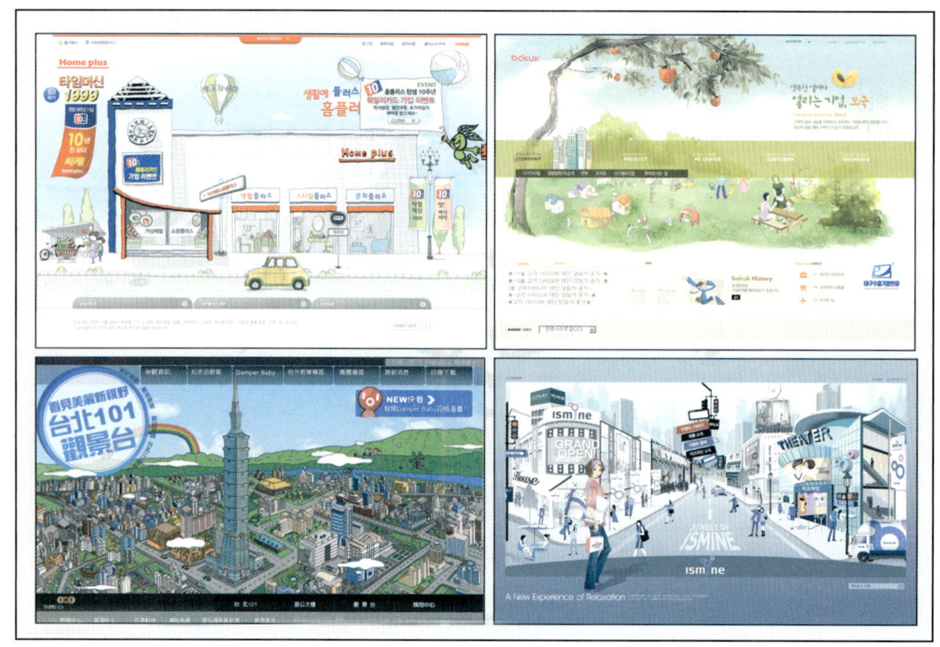

图6-4-2 推荐风格

6.5 亚新生活广场的网页布局设计

亚新生活广场是20世纪90年代开业的，其整体环境与现在的一些购物商城有较大差别，因此我们在进行网页设计时，主要突出亚新生活广场是一个社区型的购物商城，并且具有很强的亲和力。首页是将亚新生活广场的真实建筑作了手绘处理，如图6-5-1、图6-5-2所示。网页整体采用Flash布局方式，由于Flash强大的功能，页面所表达的信息更丰富，动态画面也清新、有趣，是一种比较新潮的布局方式。

（1）网站首页布局的细节表现

① 首页左上角建筑上的时钟是真实的可以动的，与系统时间一致（图6-5-3）。

② 右上角的电子屏幕和公交车上的广告位可以通过后台定期更换，点击可以进入活动的详细页面（图6-5-4）。

③ 导航栏设计成巧妙的隐藏式。鼠标移到顶部

图6-5-1 亚新生活广场实景图

图6-5-2 亚新生活广场手绘表现

图6-5-3 时钟图标

图6-5-4 广告位图标

的MENU 会自动下拉主菜单，并且每个栏目会配有卡通插图，鼠标移到别的地方，主菜单会自动收缩（图6-5-5）。

④ 底部的快速通道同样设计成隐藏式，鼠标轻轻划过会弹出详细内容，点击相关按钮，便可以查询到详细的内容。这样的设计可以最大限度地将画面完整呈现，使按钮内容不呈现在页面上，让浏览者不是被动接受信息，而是有选择的点击，增加互动的乐趣（图6-5-6）。

⑤ 首页还有一个巧妙的设计，网站会根据白天和黑夜的变化自动变化背景。比如到了晚上6点以后，网站背景会变成黑夜的模式，并且有烟火会燃放。因为夏天和冬天的天亮和天黑的时间有差异，可以通过后台设置其变换时间点。这个设计会让浏览者有身临其境的感觉（图6-5-7）。

（2）网站内页布局的细节表现

这里我们列举“商场导向”栏目的页面设计，以此引述内页的布局设计构思。

① 顶部的设计采用Flash动画的形式，里面的卡通动画形象主要目的还是为了突出轻松活泼，具有亲和力的页面（图6-5-8）。

图6-5-5 导航栏设计

图6-5-6 底部设计

图6-5-7 夜间的背景

图6-5-8 内页顶部设计

② 商场的导向页面以实际的楼层和布局为依据，使用卡通手绘的形式表现。鼠标移到每一块区域时会有相关的文字提示，并且通过输入品牌/专柜的关键字可以快速地搜索和查询，这个设计表现能给浏览者真实的体验感（图6-5-9）。

③ 地图的下面的“品牌快讯”是该楼层的品牌最新优惠信息，可以及时地在这里显示（图6-5-10）。

6.6 亚新生活广场的网页互动设计

创意亚新网站的交互的主体思想是清新、动感、便于信息传播。在主页上，我们设计了Flash上下滑出菜单交互，色彩简洁明朗，充满动感的年轻气息，如图6-6-1所示。在子页面设计了站牌式交互按钮，与整个页面风格统一，手法上运用手绘简笔画样式，显现一种小清新的风格，如图6-6-2所示。

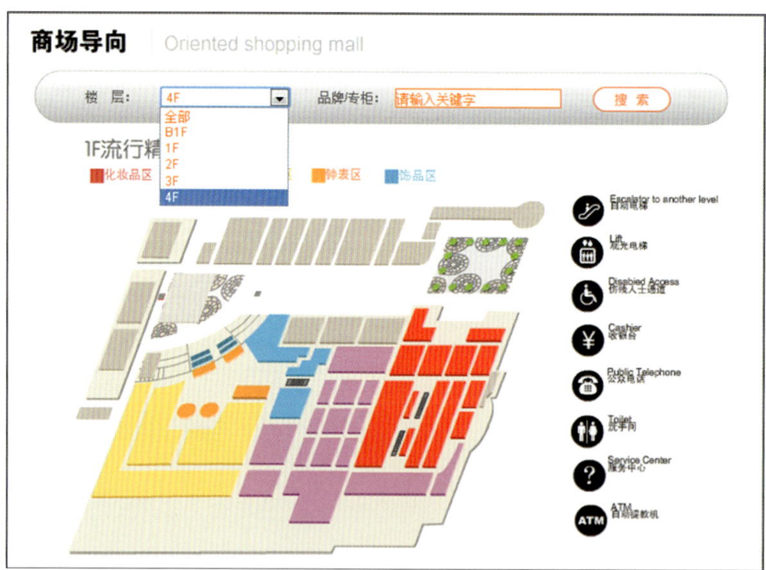

图6-5-9 导向页面设计

图6-5-10 品牌快讯页面设计

楼层导购页面设计为手绘效果地图，与网站整体风格统一，如图6-6-3所示。

商场“乐享活动区”设计电子DM，并设计页面放大功能，方便浏览者阅读，如图6-6-4所示。电子DM的页面插入Flash插件，作出书翻页的效果，页面更加生动，可读性高，并可直接下载官方PDF杂志，如图6-6-5、图6-6-6所示。

图6-6-1　Flash上下滑出菜单交互

图6-6-2　站牌式交互按钮

图6-6-3　楼层导购页面设计的手绘效果图

图6-6-4　电子DM

图6-6-5　电子DM的翻页效果

图6-6-6　电子DM的电子杂志

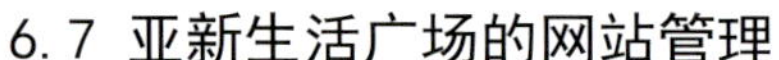

6.7 亚新生活广场的网站管理

（1）基础设备

亚新网站已注册：http://www.mm21.com.cn/ 中文域名：Albemarle & Hunt，独立服务器，服务器机房选用上海外高桥电信机房（2010年），如表6-7-1所示。

表6-7-1　相关参数信息

处理器	双核酷睿 E2140 1.6G
主　板	华擎945GZ
内　存	金士顿 1G DDR667
硬　盘	ST 80G SATA 8M
机　箱	标准1U 机架式

（2）设计人员

参与Albemarle & Hunt品牌形象设计的平面设计师也是专业的网页设计师，因此，在充分理解整体设计定位和思路的同时，更准确地演绎了网站形象的创意设计（图6-7-1）。技术团队长期固定，拥有多名专业网络技术开发人员，能最快速解决网络问题，如遭受黑客攻击、功能升级、网站优化、数据统计分析等。

图6-7-1　设计团队

6.8 亚新生活广场的网站功能

所有的网站后台版式也经过设计，使一些版块的排版更加人性化，后台设计与官方站风格统一。

① 内容管理系统。商品分类/排序；后台添加功能简单，以word界面排版；进行内容的编辑和图片的上传（图6-8-1）。

（a）

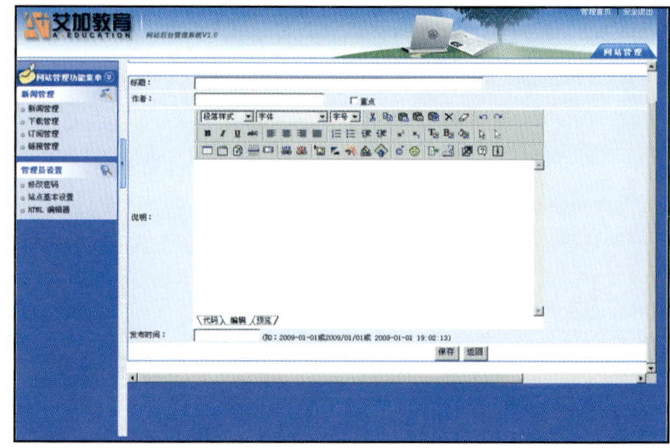

（b）

图6-8-1　后台版面

②下载管理系统。添加、管理官方PDF文件供浏览者下载；添加方便、快捷（图6-8-2）。

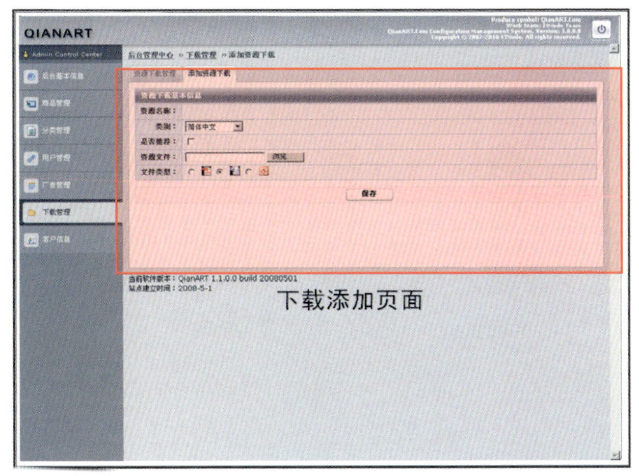

（a）

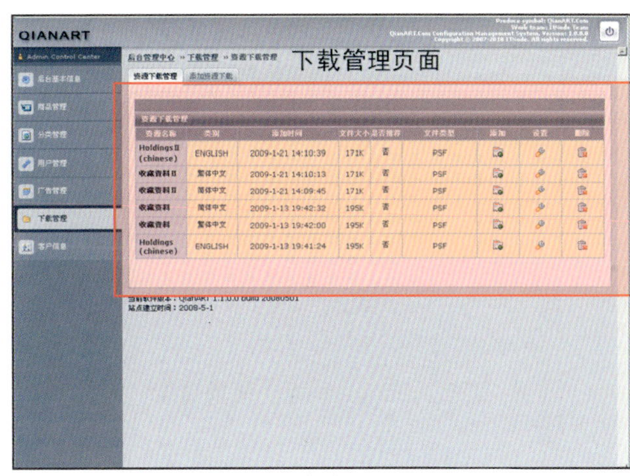

（b）

图6-8-2 下载管理系统

6.9 亚新生活广场网站实现

图6-9-1 亚新生活广场网站——亚新简介界面

图6-9-2 亚新生活广场 网站——楼层导图界面

图6-9-3　亚新生活广场网站——VIP卡介绍界面

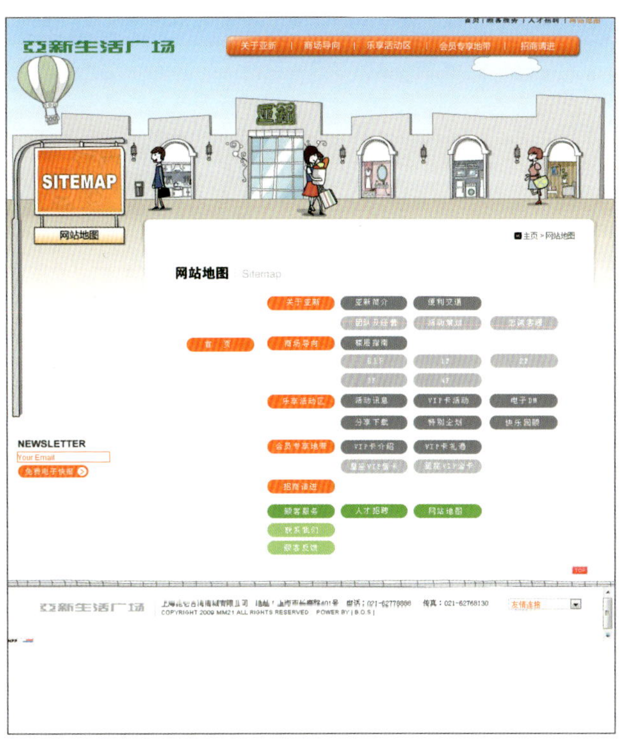

图6-9-4　亚新生活广场网站——网站地图界面

实践题

根据本章学习知识，进一步完善前面章节实践题选择的网页创意设计课题。完成所有页面设计，对框架进一步梳理，细节进一步细致调整，并进行网页交互链接的模拟实现，最后对全站的创意设计进行分析总结。

第七章 常用网页界面设计资料

7.1 网页设计标准尺寸

网页设计师在进行网页设计工作室，有一个指导性的原则：页面宽度不超过一屏，高度不超过三屏，所以网页的标准尺寸也就根据显示器分辨率以及浏览器、操作系统等因素有关。网页设计也需要从用户的体验角度出发，特别是宽度不超过一屏，其最基本的表现是浏览器不出现横向滚动条。

普通用户通常浏览网页时，其浏览网页的有效面积会受到下面几个方面的影响。

① 显示器的分辨率。这个由科技发展和用户购买力及喜好决定，其数据取决于统计。

② 操作系统。目前绝大多数操作系统都是Windows。

③ 网页浏览器。IE依旧份额最高，但是Chrome、Firefox、Opera和Safari等也有一定市场。

④ 个人定制。主要是用户定制操作系统的样式、操作系统任务栏是否隐藏和浏览器的样式，但是总体上这部分应该属于高级用户，绝大部分用户依旧会使用操作系统和浏览器的默认样式。

计算一屏大小应基于以下原则。

① 一屏指绝大部分用户的浏览器显示网页的有效可视区域。

② 一屏的计算环境是Windows7和浏览器均处于默认样式。

③ 由于IE无论是否超过一屏都存在纵向滚动条的位置，Firefox和Opera是在页面超过一屏的时候出现纵向滚动条，且浏览绝大部分网页都有纵向滚动条的存在，所以一屏大小的计算都基于浏览器有纵向滚动条的状态下。

④ 由于Firefox2.0在只浏览一个网页时不出现多窗口的控制栏，而其他的多窗口浏览器都出现多窗口控制栏且使用时都会同时浏览多个网页，所以一屏大小在Firefox中指多窗口的控制栏存在时。

网页设计标准尺寸如下。

① 最保守最有兼容性的网页设计尺寸为779×432，网页宽度保持在778以内，就不会出现水平滚动条，高度则视版面和内容决定。

② 1024×768下，网页宽度保持在1002以内，如果满框显示的话，高度是612之间，就不会出现水平滚动条和垂直滚动条。

③ 在PS里面做网页可以在800×600状态下显示全屏，页面的下方又不会出现滑动条，尺寸为740×560左右。

④ 在PS里做的图到了网上颜色等方面就不一样了，因为Web上只用到256Web安全色，而PS中的RGB或者CMYK以及LAB或者HSB的色域很宽，颜色范围很广，所以会产生失色的现象。

7.2 标准网页广告尺寸规格

① 120×120，这种广告规格适用于产品或新闻照片展示。

② 120×60，这种广告规格主要用于做LOGO使用。

③ 120×90，主要应用于产品演示或大型LOGO。

④ 125×125，这种规格适于表现照片效果的图像广告。

⑤ 234×60，这种规格适用于框架或左右形式主页的广告链接。

⑥ 392×72，主要用于有较多图片展示的广告条，用于页眉或页脚。

⑦ 468×60，应用最为广泛的广告条尺寸，用于页眉或页脚。

⑧ 88×31，主要用于网页链接，或网站小型LOGO。

广告形式	像素大小	最大尺寸	备注
BUTTON	120×60(必须用gif) 215×50(必须用gif)	7K 7K	
通栏	760×100 430×50	25K 15K	静态图片或减少运动效果
超级通栏	760×100～760×200	共40K	静态图片或减少运动效果
巨幅广告	336×280 585×120	35K	
竖边广告	130×300	25K	
全屏广告	800×600	40K	必须为静态图片，FLASH格式
图文混排	各频道不同	15K	
弹出窗口	400×300(尽量用gif)	40K	
BANNER	468×60(尽量用gif)	18K	
悬停按钮	80×80(必须用gif)	7K	
流媒体	300×200（可做不规则形状但尺寸不能超过300×200）	30K	播放时间小于5秒60帧(1秒/12帧)

网页中的广告尺寸如下。

①首页右上，尺寸120×60。

②首页顶部通栏，尺寸468×60。

③首页顶部通栏，尺寸760×60。

④首页中部通栏，尺寸580×60。

⑤内页顶部通栏，尺寸468×60。

⑥内页顶部通栏，尺寸760×60。

⑦内页左上，尺寸150×60或300×300。

⑧下载地址页面，尺寸560×60或468×60。

⑨内页底部通栏，尺寸760×60。

⑩左漂浮，尺寸80×80或100×100。

⑪右漂浮，尺寸80×80或100×100。

⑫IAB和EIAA发布新的网络广告尺寸标准。

7.3 网页设计师在线色彩搭配工具

如今网络上有越来越多的色彩搭配工具可供设计师们使用，这里介绍几个好用的在线色彩搭配工具。

（1）Kuler

对于Adobe Kuler，相信很多人都很熟悉这套工具（图7-3-1）。不仅可以在上面寻找到预置的配色方案，也可以创建属于自己的色板（color.adobe.com/zh/create/color-wheel）。

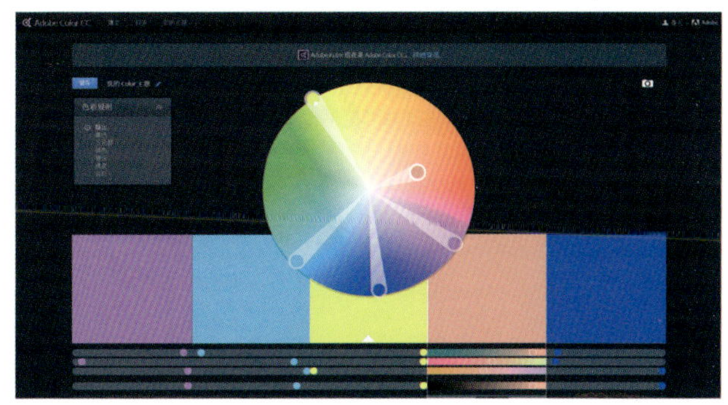

图7-3-1　Kuler界面

（2）COLOURlovers

COLOURlovers是一个极具创造力的色彩主题社群网站，这里有来自世界各地的设计师创造并分享他们自己的配色方案（图7–3–2）。设计师可以从这里获取灵感，而且这里更欢迎分享自己的色彩方案和观点，以及和大家一起探讨最新的色彩发展趋势（www.ColourLovers.com）。

图7–3–2 COLOURlovers界面

（3）Pictaculous

Pictaculous可以帮助设计师直接从上传的图片中提取出一套配色方案（www.pictaculous.com）（图7–3–3）。

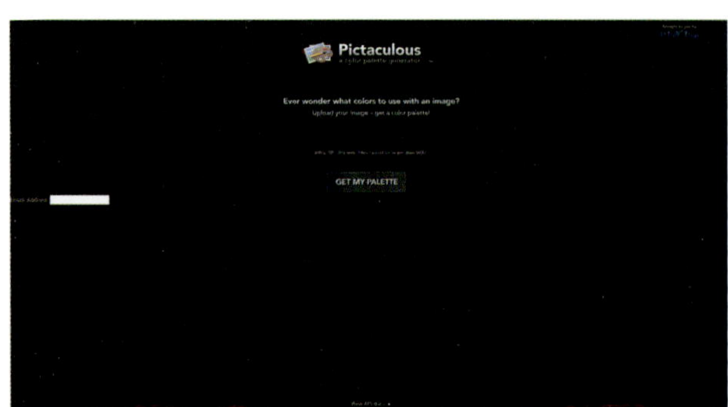

图7–3–3 Pictaculous界面

（4）颜色拾取工具

这是一个简单的网页，通过移动光标，网页的背景颜色也会发生变化，只需轻点鼠标就能将所想要的颜色和对应的代码保存在网页的左栏（图7–3–4）。

图7–3–4 颜色拾取工具

（5）hexu.al

面对那些看起来干巴巴的16进制颜色代码，hexu.al把它们表意成了具体的英文单词，比如代码为#ACCE55的颜色你可以将它记为Access，#COFFEE可以记为coffee。掌握了这种方法，枯燥的16进制颜色代码也能变得有趣起来（hexu.al）（图7–3–5）。

图7–3–5 hexu.al界面

（6）CSS Color Names

147 Colors列举了147种CSS颜色名称，对于网页设计师和开发人员来说实在是大有帮助（www.147colors.com）（图7–3–6）。

图7–3–6 CSS Color Names界面

7.4 世界各国色彩爱好与禁忌

7.4.1 美洲国家对色彩的爱好与禁忌

① 美国。在美国，一般浅洁的颜色受人喜爱，如象牙色、浅绿色、浅蓝色、黄色、粉红色、浅黄褐色。调查表明，纯色系色彩比较受人欢迎，明亮、鲜艳的颜色比灰暗的颜色受人欢迎。

② 加拿大。红、白两色代表国家的颜色。

③ 墨西哥。墨西哥人认为紫色是不吉利的棺材色，应避免使用。在墨西哥，黄色花表示死亡，红色表示符咒。

④ 阿根廷。黑色、各种紫色和紫褐色避免使用，流行的包装颜色是黄、绿和红色。

⑤ 巴西。在巴西，以棕色为凶丧之色，紫色表示悲伤，黄色表示绝望，深咖啡色会招来不幸。

7.4.2 欧洲国家对色彩的爱好与禁忌

① 意大利。意大利人喜欢绿色和灰色，忌紫色。

② 希腊。喜爱蓝和白相配，喜欢大黄、绿、蓝色，禁忌黑色。

③ 马耳他。白色象征纯洁，红色象征勇士牺牲者的鲜血。

④ 法国。喜爱红、黄、蓝等色，视鲜艳色彩为时髦、华丽、高贵，因而才备受欢迎。

⑤ 比利时。一般人爱高雅的灰色，忌用墨绿色（纳粹军人服装颜色）。

⑥ 荷兰。蓝色和橙色代表国家色，特别是橙色，在节日里被广泛使用。

7.4.3 非洲国家对色彩的爱好与禁忌

① 埃及。埃及人喜欢绿色、白色，而忌讳黑色与蓝色。

② 利比亚。利比亚人喜爱绿色，忌讳黑色。

③ 尼日利亚。视红、黑为不吉利。

7.4.4 亚洲国家对色彩的爱好与禁忌

① 中国。白、黑、灰色不大受欢迎，红、黄和鲜艳的色彩则很受欢迎。

② 日本。在日本黑色被用于丧事，喜爱红、白、蓝、橙、黄等色，禁忌黑白相间色、绿色、深灰色。

③ 蒙古。红色象征亲热、幸福和胜利，黑色被视为是不幸和灾祸。

④ 泰国。泰国人喜爱红、黄色，忌褐色。过去白色用于丧事，现在改为黑色。

⑤ 马来西亚。当地人认为绿色具有宗教意味，忌用黄色（死亡），喜欢红、橙以及鲜艳的颜色。

⑥ 新加坡。由于新加坡华侨较多，一般对红、绿、蓝色很受欢迎，视紫色、黑色为不吉利，黑、白、黄为禁忌色。

⑦ 印度。印度人喜欢红、黄、蓝、绿、橙色及其他鲜艳的颜色，黑、白色和灰色被视为消极的不受欢迎的颜色。

参考文献

[1] 侯慧俊，钱永宁. 网页界面设计创意指南[M]. 上海：上海科学技术文献出版社，2009.
[2] 麦克尼尔. 网页设计创意书[M]. 图灵编辑部，译. 北京：人民邮电出版社，2010.
[3] 麦克尼尔. 网页设计创意书（卷2）[M]. 图灵编辑部，译. 北京：人民邮电出版社，2012.
[4] 麦克尼尔. 网页设计创意书（卷3）[M]. 石华耀，译. 北京：人民邮电出版社，2014.
[5] 彭纲，周绍斌，徐成钢，等. 网页艺术设计[M]. 北京：高等教育出版社，2006.
[6] 梁日升，杨杰. 网页艺术设计[M]. 北京：机械工业出版社，2011.
[7] 徐延章. 美工与创意——网页设计艺术[M]. 北京：科学出版社，2009.
[8] 未来出版. Web网页设计创意课[M]. 叶小芳，译. 北京：电子工业出版社，2012.